波斯公主
选驸马

LABYRINTH

The Art of Decision-Making

决策就是一次赌博

[波兰] 帕维尔・莫托（Pawel Motyl）著
冯剑军 译

中国友谊出版公司

图书在版编目（CIP）数据

波斯公主选驸马 / (波) 帕维尔·莫托著；冯剑军译.-- 北京：中国友谊出版公司，2020.10
书名原文: Labyrinth：The Art of Decision-Making
ISBN 978-7-5057-4987-0

Ⅰ.①波… Ⅱ.①帕… ②冯… Ⅲ.①决策(心理学)－通俗读物 Ⅳ.①B842.5-49

中国版本图书馆CIP数据核字（2020）第167759号

著作权合同登记号：01-2020-5008

书名 波斯公主选驸马
作者 [波兰] 帕维尔·莫托
译者 冯剑军
出版 中国友谊出版公司
发行 中国友谊出版公司
经销 北京时代华语国际传媒股份有限公司 010-83670231
印刷 涿州市星河印刷有限公司
规格 880×1230 毫米 32 开
9.5 印张 230 千字
版次 2020 年 10 月第 1 版
印次 2020 年 10 月第 1 次印刷
书号 ISBN 978-7-5057-4987-0
定价 58.00 元
地址 北京市朝阳区西坝河南里 17 号楼
邮编 100028
电话 （010）64678009

序言 未婚妻问题

1949年，一位名为梅里尔·M. 弗勒德（Merrill M.Flood）的数学家首次提出了在学界赫赫有名的“未婚妻问题”。经过无数次的探讨、推导及演绎后，该问题广为流传的版本，便是著名的“波斯公主选驸马”难题。

波斯公主到了适婚年龄，要选驸马。候选男子100名，都是公主没有见过的。100名候选人以随机顺序，从公主面前逐一经过。每当一名男子从公主面前走过时，公主要么选他为驸马，要么不选。如果选他，其余那些还没有登场的男子就都被遣散回家，选驸马的活动也就此结束。如果不选，当下这名男子离开，也就是淘汰掉此人，下一人登场，公主不可以反悔再重选。规则是，公主必须在这100人中选出1人做驸马，也就是说，如果前99人公主都看不中的话，她必须选择第100名男子为驸马，不管他有多么丑陋。

任务是，给公主设计选择方法，让她有最高概率选到百人中最英俊的男子为驸马。

可以看出，公主选择的难处在于她不知道这100名候选人的相貌英俊程度是怎样分布的，也不知道是在怎样的一个范围之内。

2011 年 2 月 14 日，果壳网上发表了一篇文章，题为《死理性派恋爱法：拒绝掉前面 37% 的人》，计算了女生选出最佳男生的最大概率，推导出了“37% 法则”。经过一系列繁复的数学推导，作者惊讶地发现，最终的推导结果是最优解为 1/e，由于 1/e 大约等于 37%，这条爱情法则就被叫作 37% 法则。

也就是说，如果你预计求爱者有 n 个人，你应该先拒绝掉前 37% 的人，静候下一个比这些人都好的人。一旦发现这一个人，就果断接受他。但其中存在一个小问题，如果最佳男生出现在前面这 37% 的人里，那么错过这 37% 的人后，就不能再碰到更好的，女生有 37% 的概率以失败结局。

回到波斯公主的问题，以 37% 法则来算，最佳的决策策略是淘汰掉最初的 37 名男子，并且记录下其中最英俊的一名后，余下鱼贯而来的男子中，出现的第一名英俊程度超越所有前 37 人者，即选为驸马。如果人都走光了，也没出现这样一个人，那么公主就只好选择第 100 名男子作为驸马，即使他非常丑陋。

需要说明的一点是，没有任何一种选择方法能够确保公主一定选到那位最英俊的驸马。因为对于任何选择方法，总存在某些出场的顺序，让公主与最英俊的驸马失之交臂。所以，上述推导方法不是必胜的选法（因为不存在），而是概率最高的选法。

关于未婚妻问题的答案，其背后暗含的是一个可广泛应用的价值排序、选择与决策的方法。在《波斯公主选驸马》一书中，作者帕维尔 · 莫托结合自身多年的一线工作经验，用大量案例故事深入浅出地阐释了我们每个人都必须掌握的 16 个做决策的基本规则，使人获益匪浅。

前言 决策就是一场赌博

越南北部湾，在英语中更为人所熟知的名字是东京湾（Gulf of Tonkin），位于越南北部海岸线上，毗邻中国南部，在南中国海的西北部。20 世纪 60 年代早期，它是美国国防部德索托（DESOTO）行动的焦点地区。所谓德索托行动是代号“34A 行动计划（OPLAN 34-Alpha）”的一部分：当时美国海军驱逐舰在北部湾定期巡逻，以搜集北越军队军事计划和行动的信息。1964 年 8 月 2 日，在北部湾附近海域发生一起严重事件。美国马多克斯号（Maddox）驱逐舰舰长约翰 · J. 赫里克（John J. Herrick）报告说，北越巡逻艇向他们开火。两天后，另一事件再次发生，又有报告声称，驱逐舰特纳 · 乔伊号（Turner Joy）和马多克斯号遭到鱼雷攻击，越南战争就此爆发。

关于这一事件的相关信息言之凿凿，太平洋舰队司令尤利西斯 · 格兰特 · 夏普（Ulysses S. Grant Sharp）证实，北越发射了多达 9 枚鱼雷，所幸无一命中美国军舰。这次所谓的袭击，最终导致林登 · 约翰逊（Lyndon B. Johnson）总统迫使国会通过《东京湾决议》，授权对北越发动空袭，随后派遣地面部队进入北越境内。就此，一场持续近 10 年的冲突揭开序幕，据各方估计，越南战争夺去了 200 万至 350 万人的生命。

20 世纪 80 年代中期标志着珠穆朗玛峰商业化的开始。1985 年，一位名叫理查德 · 巴斯（Richard Bass）的得克萨斯州富商耗费巨资，在美国著名的登山运动员大卫 · 布莱沙（David Breashears）的登山队中为自己买了一个位置。最后巴斯得偿所愿，征服了世界最高峰。这一事件引起了强烈反响，不仅触动着那些寻求刺激的得克萨斯州石油商的心弦，而且让一些登山者也开始蠢蠢欲动，嗅到了新的生财之道的气息。接下来的几年里，一个全新的行业出现，一系列商业性探险应运而生，并向珠穆朗玛峰和其他高峰进发。该市场的领导者是一家名叫探险顾问的公司（Adventure Consultants），该公司由新西兰人罗布 · 霍尔（Rob Hall）于 1991 年创立，这家公司已将 39 名业余登山者送上了世界之巅。1996 年 5 月 10 日，霍尔又带着 8 位金主兴致盎然地出发了。随行的还有两位资深登山运动员迈克 · 格鲁姆（Mike Groom）和安迪 · 哈里斯（Andy Harris），以及由高山协作昂多杰（Ang Dorje）领队的夏尔巴人，他们提供支持服务。同时期还有其他几支探险队也在这座山上活动：大卫 · 布莱沙的 IMAX 纪录片摄制登山队，高铭和（Makalu Gau）领导的中国台湾登山队，伊恩 · 伍德尔（Ian Woodall）领导的南非团队，以及美国人斯科特 · 费舍尔（Scott Fischer）领导的商业团队，后者创立疯狂登山公司，是探险顾问公司的竞争对手。

尽管登山过程中有一些小问题，也多少会造成一定影响，但当时谁也没想到这场悲剧会夺去包括罗布·霍尔和斯科特·费舍尔在内的 8 个人的生命，并导致许多人遭受低温症和冻伤之苦。人们将铭记 1996 年 5 月 10 日，这是珠穆朗玛峰登山史上最惨痛的一天，当天死亡人数达到 19 年之最。

当加夫列尔·加西亚·马尔克斯（Gabriel García Márquez）决定将其小说《百年孤独》的故事背景放在虚构的马孔多镇时，他断然想不到这个名字会借由一个与其文学世界完全无关的事件，在 40 多年后戏剧性地重现。2010 年 4 月 20 日 21 时 47 分，深水地平线号石油钻井平台上，一场灾难性爆炸导致 11 人丧生。该平台的业主为瑞士越洋钻探公司，由英国石油公司租用。但事故造成的伤害才刚刚开始，在随后的几周里，近 500 万桶石油从受损油井喷出并涌入墨西哥湾水域，造成大规模的生态灾难，从而引发了关于开采密西西比海底峡谷油矿的安全问题以及导致爆炸的众多风险管理失误问题的讨论。悲剧发生在钻井平台 252 号井，这口油井的名字就叫马孔多。

20 世纪 90 年代初，保时捷濒临破产。大多数人认为它已无药可救，所以群雄环伺，都想趁这个品牌处于危难之际，将其收入囊中。时年 38 岁的文德林·魏德金（Wendelin Wiedeking）是为数不多的相信保时捷仍有一线生机，不答应出售的人之一。1993 年他临危受命，出任这家陷入困顿的汽车业传奇公司的总裁兼首席执行官，试图挽狂澜于既倒，完成这项不可能完成的任务。

在接下来的10年左右的时间里，他向世人证明，不只汤姆·克鲁斯（Tom Cruise）和好莱坞导演能够完成不可能完成的任务：

他通过一系列大胆的举措拯救了保时捷，包括战略性成本削减和流程优化（即所谓的保时捷改进流程），将部分生产流程外包给芬兰瓦尔梅特汽车公司，放弃亏损的 928 车型并引进博克斯特和卡宴车型等，以彻底改造保时捷公司的产品组合。文德林·魏德金的举动使保时捷得以重振雄风，在此过程中，他也成了汽车行业的一方诸侯。他的成功在 2007—2008 财年达到顶峰，当时保时捷的净利润达到创纪录的 63.92 亿欧元。该公司估值超过 130 亿欧元，并信誓旦旦地要收购大众集团。时间再快进一年：保时捷因巨额亏损，再次出现赤字，亏损金额超过 35 亿欧元。命运骤然反转，文德林·魏德金不得不卷铺盖走人，当然 5000 万欧元的遣散费多少能抚慰他被解雇的伤痛。

文德林·魏德金无疑可以跻身欧洲管理精英之列，但就经济学造诣而言，他不如罗伯特·C. 默顿（Robert C. Merton），后者与迈伦·S. 斯科尔斯（Myron S. Scholes）一起分享了 1997 年的诺贝尔经济学奖。默顿因自身在金融领域的开创性研究闻名于世，其涉足股票期权定价（布莱克－斯科尔斯模型由此而来）、衍生品和投资风险管理等领域。因此可以想见，一个人在其全部职业生涯中，一直致力于开发更有效、更精确的预测工具，那么，他对建立投资组合的理解，自然也非常出色。

1993 年，当罗伯特·默顿与人参与创立一家名为长期资本管理（LTCM）的对冲基金管理公司并成为该公司董事会成员时，他肯定也是这么想的。众多客户出于对他能力的信任，向该基金投资了超过 10 亿美元。该公司初创阶段获得了巨大成功（年回报率高达 40%！），但接着因亚洲金融危机的影响引发了大规模的崩盘，这场金融危机于 1997 年在泰国爆发，一年后俄罗斯遭受重创。1997—1998 年，长期资本管理公司股价暴跌。该公司的资本降至 4000 亿美元以下，投资者遭受的总损失估计为 45 亿美元。同样的命运降临到了另一家由诺贝尔奖得主于 2007 年成立的公司 Trinsum 集团身上：在成立仅一年半之后（诚然，当时大环境非常困难），不得不申请破产。

哈维 · 韦恩斯坦（Harvey Weinstein）之于电影业的意义，不亚于罗伯特 · 默顿之于经济学。对于这位传奇的米拉麦克斯制作公司的联合创始人，我们当然感谢他制作的众多精彩电影，如《低俗小说》《莎翁情史》《杀死比尔》《英国病人》《疯狂店员》《哭泣的游戏》等等。经过几十年的苦心经营，他在电影业的影响力非同寻常，这一点可以用一个经常被引用的统计数据证明，即奥斯卡获奖者致谢他的次数比上帝还多。2017 年 10 月，当《纽约时报》和《纽约客》刊登了一系列文章，指控他多年来性侵多名女演员时，他耀眼的职业生涯戛然而止。无论他如何否认这些指控也无济于事。在接下来的几周里，一场风暴席卷媒体，导致哈维 · 韦恩斯坦不得不停止众多商业活动，并从韦恩斯坦影业辞职。此外，他被美国电影艺术与科学学院除名，2017 年，其妻子乔治娜 · 查普曼（Georgina Chapman）也搬出了他们的家。

1986 年 1 月 28 日清晨，美国国家航空航天局太空计划的宇航员詹姆斯 · P. 帕甘（James P. Bagian）博士决然地做出一个举动：

他要求 STS-51-L 任务控制中心取消当天的发射计划。他对佛罗里达州异常的天气状况感到担忧，因为 1 月 27 日晚上，卡纳维拉尔角的温度已经下降到 - 5 摄氏度。用于将航天飞机送入轨道的固体火箭助推器从未在如此低的温度下使用过，帕甘担心，在经历了晚上的低温之后，将火箭与燃料源分开的 O 形环可能会失效。任务控制中心无视他的担忧，批准了挑战者号航天飞机的发射。

16 年过去了，在此期间，美国航空航天局成功地进行了 89 次航天飞行发射任务。2003 年，美国航空航天局开始筹备哥伦比亚号航天飞机在该年的第一次发射任务。哥伦比亚号航天飞机是美国航空航天局 5 架航天飞机中最古老的一架，于 1981 年 4 月 12 日首次投入使用，是整个航天飞机计划的开端。由理查德 · 道格拉斯 · 赫斯本德（Richard Douglas Husband）领导的 STS-107 任务按计划于 1 月 16 日发射。这次发射的目的是进行微重力研究。7 名机组人员包括 5 名美国人、1 名印度女性和 1 名以色列男性伊兰 · 拉蒙（Ilan Ramon），后者将成为他的国家第一个进入太空的人。发射过程按流程走。经过美国航空航天局工程师细致观察，唯一的异常是一小部分绝缘泡沫破裂，击中了航天飞机左机翼的隔热板。尽管碎片评估团队（DAT）对机翼的状况非常担忧，但工程师们无法根据现有数据评估其具体安全风险。飞行指挥官琳达 · 哈姆（Linda Ham）决定按计划继续执行任务，并且对工程师的担忧未采取任何行动。可悲的是，在超过两周的时间里，美国航空航天局高管都没有抓住机会去拯救哥伦比亚号上的宇航员。2003 年 2 月 1 日 8 时 10 分，航天飞机启动着陆程序。就在 9 时之前，它在重返地球大气层时燃烧了起来。

同样的悲剧在欧洲发生了两次。2008 年 1 月 23 日晚，一架隶属波兰空军的 CASA C-295M 军用飞机坠毁在离波兰米罗斯瓦维茨机场不远的地方。这场灾难的规模之大，令世人震惊。20

名军官在灾难中丧生，几乎包含了第一战术空军中队的所有领导人员。一些分析人士提出了一个显而易见的问题：任何明智的公司都不会同意董事会所有成员一起旅行，怎么能允许这些重要空军军事人员搭乘同一架飞机呢？没有人回答这个问题，而且可悲的是，也没有人从这场灾难中吸取教训。2010 年 4 月 10 日，航空史上最骇人听闻的悲剧之一发生了。一个由 96 人组成的波兰代表团意欲前往俄罗斯卡廷惨案纪念馆参加活动。他们乘坐的图波列夫 TU-154M 飞机在飞向斯摩棱斯克 - 北方军事空军基地的途中坠毁，机上人员全部遇难。罹难者包括国会议员、外交官和高级军事人员，以及总统莱赫 · 卡钦斯基（Lech Kaczyński）和他的妻子玛丽亚（Maria）。

莱赫 · 卡钦斯基和玛丽亚的葬礼在一周后举行，成千上万的波兰人为这对夫妇送别。然而，许多外国领导人出于他们无法控制的原因没能参加葬礼：4 月 14 日冰岛的埃亚菲亚德拉火山爆发，向天空喷出大量火山灰。1960 年为管理欧洲空中交通而成立的政府间机构欧洲航空安全组织做出了一个及时而明智的决定：由于从未有过类似规模的火山爆发，因此无法评估问题的严重等级或风险水平。所以，它下令从 4 月 15 日起，暂停欧洲大陆的航班。这样，往返欧洲的航班立即停飞。在接下来的几天里，因飞行中断总共有 10.4 万次航班被取消，这些航班原本可以搭载 1000 万名乘客。

在受影响的乘客中，有数十万人被困在机场，不知道危机到底会持续多久。一些人试图寻找替代交通工具，租借汽车或抢购火车票；其他人在机场候机楼安营扎寨，希望航班能突然恢复。然而，欧洲航空安全组织对此并不乐观，尤其是专家进行的计算机模拟也证实了该机构的观点，即任何飞行尝试都会以悲剧告终。飞行禁令持续了 8 天，直到 4 月 23 日，才允许第一批飞机起飞。不久之后，有人指责欧洲航空安全组织采取了过于严厉的措施，高估了真实的风险水平。反对欧洲航空安全组织方案的主要论点是，数家航空公司（包括汉莎航空公司、荷兰皇家航空公司和法国航空公司）沿着充满火山灰的空中走廊进行了 20 多次实地测试飞行，而不是模拟飞行。当然飞机上没有乘客，只有主要机组人员。在所有飞行中，没有观察到飞机运行有任何异常，所有飞机都安全着陆。最终估计，禁令给相关运营商带来约 17 亿美元的损失。

1998 年 5 月 7 日，当时没有人知道，戴姆勒 - 奔驰和克莱斯勒的合并会让双方损失惨重。那一天，一切看起来都那么美好。两家公司的首席执行官罗伯特 · J. 伊顿（Robert J. Eaton）和于尔根·E. 施伦普（Jürgen E. Schrempp）共同出席新闻发布会，宣布“平等合并”，在无数摄像机照射之下，两人雄姿英发。就这样，年收入超过 1500 亿美元的世界第三大汽车制造商诞生了。汽车行业分析师欣喜若狂，都强调这两个公司的合并会产生巨大的协同效应。对于克莱斯勒公司来说，这次合并能为它提供打入欧洲市场的机会；而对于以奔驰豪华轿车而闻名的戴姆勒公司来说，这意味着能扩大其产品线。毕竟克莱斯勒旗下有道奇和吉普等品牌，以生产小型载客车、越野车和皮卡闻名。两家公司将整合采购和研发业务，以节省大量资金。预计合并后 12 个月内成本将下降 17 亿美元，7 年后每年下降 30 亿美元。因此，当汽车业最古老、最有影响力的杂志之一，自 1895 年以来就在美国出版的《汽车工业》（*Automotive Industries*）称这次合并为“世纪交易”时，几乎无人质疑。戴姆勒公司为克莱斯勒公司支付了 360 亿美元，这么大一笔金额绝对是世纪级的支出。这最后也让两家公司悔恨不已。

上述所有事件都不相关，但它们有一个共同点：决策过程中出现了错误。在每一个不幸事件发生的过程中，相关责任人都出于善意，他们有着丰富的经验和漂亮的履历。他们的错误是一系列相互关联的因素综合作用的结果，例如，过于依赖过去的成功经验，忽视重要的信息，进行表面的分析，屈从于外部压力，过于相信运气，或者误释重要数据。

而所有这些错误本来都是可以避免的。

现在，《波斯公主选驸马》一书将挑战你对决策的理解，并可能永远改变你的某些想法。在这本书中，我试图认真审视决策过程中最常见的问题，应用场景包括商业活动和日常生活，危机时刻和平常时期，个人决策和群体决策等。我试图回答，如何做出既合理、有效又睿智的决策。

本书第一章描述了过去几十年中世界范围内发生的诸多惊人变化，以及这些变化对于决策的影响。发生在我们眼前的技术和信息革命，以社交媒体、众包机制、开放创新和共享经济的繁荣为支撑的消费行为新趋势，以及正在进行的全球化，已经从根本上改变了推动成功的相关因素。因此，以前行之有效的方法如今已经不合时宜，一些精明能干、经验丰富的人才也会因为过于依赖过去的成功经验栽大跟头。第二章和第三章着力剖析其中悖论，并分析了我们的思维模式所造成的陷阱，这种思维模式是应对以往现实的产物，已经不能适应当今急剧变化的世界。在这两个章节中，我还研究了一个非常危险的悖论，即今天的成功如何播下明天失败的种子。第四章将决策视为一个过程，讨论了 3 种决策模式，深入理解这 3 种方法对于完善我们的决策方式至关重要。第五章的主题是用运营管理中开发的改进工具丰富我们的内容。第六章和第七章着眼于组织文化背景下的改善决策方法，提出了一个饶有趣味的视角：领导者角色的视角。第八章聚焦于神经科学和社会心理学领域，以及情感和错觉的力量，所有这些因素甚至会影响到最伟大的领导者和决策者。我还讨论了一些实用工具，至少可以在一定程度上保护我们避开这些陷阱。最后一章简单畅想了一下未来，勾画出未来几年可能影响决策的最重要趋势。

《波斯公主选驸马》不是一本理论著作。过去 20 多年里，我担任过首席执行官、企业顾问，与《哈佛商业评论》（波兰版）合作，领导针对企业主和高级经理的辅导项目、培训课程或研讨会。我从中积累了大量案例并进行了研究，这本书来自我的一线实战经验。我从世界上最重要的思想领袖那里受益良多。在 2016 年，我被选为马歇尔 · 戈德史密斯（Marshall Goldsmith）博士发起的百名培训师项目的第一批成员。我还从许多我所提及的事件的原始材料中汲取营养，在这些事件中，决策过程发挥了至关重要的正面或负面作用。在这个过程中，我发现，我们不仅可以从商业世界学习如何做出正确的决策（尽管这样的案例并不少见），也可以从诸如高海拔登山、太空旅行、军事行动及有组织的犯罪集团等完全不同的领域吸取教训。我希望带领大家领略不同领域的决策精要，以激发大家的灵感，将体会运用于实际。

感谢每一个人，没有他们，这本书就不会诞生，这本书就是我不可能完成的任务。我周围的每个人都发挥了他们的专业所长或个人能力，以自己的方式为这本书做出了贡献。感谢所有人。

目录

决策的失败，多半可以归因于依赖过去的成功经验，忽视重要的信息，进行表面的分析，屈从于外部压力，过于相信运气，或者误释重要数据，等等。充满不确定性的黑天鹅事件发生时，那些最富经验、战功赫赫的成功人士，依赖其长久以来行之有效的经验和可靠的信息来源，做出了灾难性的决策。他们不仅拖垮了整个企业，还毁掉了成千上万个人的财富。

第二章　养尊处优的火鸡 / 010

巨头衰落的过程分为 5 个阶段：因过往的成功经验而滋生出的傲慢态度；盲目自信，贸然挺进未知的领域；一再忽视风险预警信号，否认风险和危险的存在；当重大威胁突然袭来时，试图抓住救命稻草；纠缠于无关紧要的细枝末节。近年来，决策行为中出现的最大悖论之一，就是当我们越强大时，我们愿意主动改变的意愿就越消极，面临的风险也就越大。

第三章　魅力型领导的权威陷阱 / 019

心理学实验研究表明，人们特别容易接受那些被认为是专家的人或权威人士的意见和观点，这种现象被称为“权威陷阱”。在商界，权威陷阱多指魅力型领导。大多数魅力型领导个性强硬、极端自信、怀着超越凡人的雄心壮志，并且经常自我膨胀。过度膨胀的野心会让他们罔顾现实，更容易做出错误的、不合理的决定。

做正确决策时，需要遵循一个非常简单但十分有价值的准则：永远把做出正确决策当作一个过程，而不是一个简单的决定。换句话说，不要把决策简化为单次行动或一个时间点，而要把它当作一个过程。这需要决策者采取一个适当的方法，仔细审视选项，然后做出选择，并且及时跟进。

我们要找出那些不是让我们更强大，而是一旦出错，就会使我们万劫不复的问题。一旦确定这些问题，就必须制定一套决策来确保我们没有近忧，同时留出更多的时间处理黑天鹅事件。

第六章　决策方法选择的 4 个关键维度 / 111

任何行业中，最能扼杀创造力和创新意愿的东西，莫过于来自严格执行现有计划和全力推进项目进度的压力，以及只关注盈亏的结果。霍夫斯泰德团队定义了区分社会群体及直接影响决策方法选择的 4 个关键维度。在最初的研究中，这些维度被称作指数，分别为权力距离、个人主义、男性气质和不确定性规避。

第七章　寻找真正的领导者 / 159

今时今日，光有健全的管理是不够的。也就是说，仅仅能够“正确地做事”是不够的。在新常态世界，面对黑天鹅事件时，即使我们分毫不差地落实决策和遵循程序，也不一定能得偿所愿。彼得·德鲁克对领导力定义的第二部分变得至关重要：成功或失败取决于“做正确的事”的能力，即做出正确决策、正确选择的能力，这是我们对领导者的期望所在。

第一章

充满不确定性的黑天鹅

世界电影史上最具传奇色彩但鲜为人知的人物之一便是导演高佛雷·雷吉奥（Godfrey Reggio）。他生于1940年，一生算得上是丰富多彩。14岁那年，他进入一所与世隔绝的修道院，成为修道士。12年后他离开修道院，加入新墨西哥州的各种社区组织，热情参与各种社会活动，从帮助街头帮派中愤世嫉俗的青年到推动公民自由的进步。高佛雷·雷吉奥进入电影行业后，从自身经历取材，利用在这个行业内的所学所见，于1982年执导完成了实验电影《失衡生活》（*Koyaanisqatsi*），这部电影因创造性地使用图像和音乐以突出城市和自然世界之间的冲突而广受称赞。

"Koyaanisqatsi"是一个霍皮语词语，意思是"生活失去平衡"，这个词不仅是高佛雷·雷吉奥作品的理想标题，也是对现代生活的高度提炼。我们的确生活在一个有些失序的世界里，我们的很多知识正在受到质疑。

阿尔文·托夫勒（Alvin Toffler）谈及第三次浪潮，虽然语气温和，但还是像一记有力的上勾拳，让世人警醒。也许大多数人认为，当前正在进行的技术变革以及伴随而来的信息和通信革命是渐进发展的，虽然觉得我们的生活节奏确实比以往任何时候都快，但这种变革仍然是线性的、可预测的。然而，仅仅几个数字就足以向我们证明，今天我们所经历的大部分事件都在以加速度剧烈地发生变化。以摩尔定律为例，该定律指出，当价格不变时，集成电路上可容纳的元器件的数目大约每 18 个月就会增加 1 倍（因此呈指数级增长，而不是线性增长）。我们所面临的信息量亦是如此。自人类有历史以来，一直到 2003 年年底，人类总共产生了 5 艾字节（1 艾字节为百亿亿字节）的数据。这个数字看起来很惊人，但放到 2012 年其实根本不值一提，在 2012 年我们生产 5 艾字节的信息，只需 48 小时。这个对比看起来不可思议，但实际上很容易解释。这种数据的急剧增长归功于我们眼前正在发生的三大革命：技术革命（使我们能够收集、存储和处理越来越多的数据）、社交媒体（创建新的沟通平台并成倍增加可用的信息量）和移动技术革命（保证从地球上的任何地方在任何时候访问其他两大革命成果）。

那么结果如何？根据各种估计，今天的数字世界包含 2.7 泽字节（2764.8 艾字节）到 4.4 泽字节（4505.6 艾字节）的数据。仅脸书就有超过 20 亿人使用（其中 10 亿人完全通过移动设备访问），它每毫秒都在产生大量新信息，轰炸我们的感官。

2017年，据估计，世界人口的50%能够接入互联网，这在以前是一个无法想象的数字；人们普遍预测，到2024—2025年，这一比例将达到100%。这是人类的福泽，但也会带来负面的影响：从所有背景噪音中筛选出决策所需的相关信息会变得越来越难。

这也意味着信息世界充斥着黑天鹅事件，即我们无法根据以往经验预测的、令人不快的意外和事件。“黑天鹅理论”是纳西姆·尼古拉斯·塔勒布（Nassim Nicholas Taleb）所创，他在《黑天鹅：如何应对不可预知的未来》一书中对此理论加以阐发，他引用了一个多年前的真实故事，这个故事曾在鸟类学界造成轰动性的影响。此前人们发现的天鹅，羽毛只有白色这一种颜色，在鸟类的世界里，这确实是一个很不寻常的现象，它吸引了鸟类学家的极大关注。他们为此做了大量研究，撰写出很多学术论文和报告，白天鹅现象慢慢得到证据支撑和解释。直到有一天，有人在澳大利亚发现了一只黑天鹅。鸟类学家万分惊讶，觉得难以置信。一瞬间，此前积累的所有关于天鹅羽毛颜色的知识，通过数千小时的研究工作所形成的概念和解释，都付之东流了。

在这个疯狂的、日新月异的世界上，到处都有这样的黑天鹅事件，让我们完全措手不及。我们不仅对此没有准备，而且也无法做好准备。

其中一个典型案例就是2001年基地组织对纽约世界贸易中心的袭击。如果这是一笔商业交易，它会被誉为一次突破性创新，因为此前没有任何其他恐怖组织采用过，甚至没有考虑过这样的袭击方式。毫无疑问，这次袭击让北美航空防务司令部完全措手不及。虽然他们已经针对所有常规的空对地攻击做了充分的准备，并且还演习过相应程序，以应对在美国领土上发生的客机劫持事件，然而他们万万没有预料到，一架被劫持的飞机竟然被用作武器，在恐怖分子和乘客都还在飞机上的情况下，对美国实施空对地攻击。面对这样的一只“黑天鹅”，北美航空防务司令部无能为力。他们的指挥官不仅无法决定是否击落被劫持的飞机，甚至无法确定谁有权力做出这样的决定。他们在超过 90 分钟的时间里，都没能采取任何有效的行动。

之后人们注意到，像这样挑战我们现有知识和解决方案的黑天鹅事件，正在与日俱增。其中一个原因是上文提到的信息过载，以及我们忽视重要信息所带来的相关风险在不断增加，另一个原因就是全球化。很明显，在当今世界，我们比以往任何时候的联系都要更紧密。一个地方的破坏性事件会在另一个地方引发完全不同的问题。

2011 年 3 月，日本发生强烈地震，并引发海啸，超过 1.5 万人死于这场灾难。地震除了造成人员伤亡之外，还给汽车行业带来巨大的经济损失，波及日本以外的其他国家：全球汽车生产均受到了冲击。这完全出乎意料，谁能想到世界某个角落的自然灾害能影响到生活在世界另一边的人呢？

事实证明，在全球化和供应链延伸的时代，“世界另一边”的概念已经发生改变。2011 年 3 月 11 日这一天，受到冲击的不仅仅是日本汽车业，全球汽车业都不能幸免。事后看来，这并不奇怪，因为日立占据了全球汽车空气流量传感器市场份额的60%。多年来，一些头部汽车制造商一直致力于提高企业效率，都热衷于实行日本的适时制存货管理制度。这使得这些制造商能够保持最低的库存水平，但也缩小了它们的安全边际。因为涉及的零部件和合作的生产商数量众多，这些汽车制造商无法建立可替代的供应链，尤其是在供应商的供应商受到影响的情况下。其中一个典型的例子就是德国默克集团（Merck KGaA）生产的 Xirallic 系列水晶效应颜料，它是许多汽车金属漆的重要成分之一。海啸摧毁了该集团在小名滨的一家工厂，导致这种颜料成分的供应链突然中断。仅仅两个星期后，世界各地的汽车生产商就不得不面临一个严重的问题：它们无法向顾客交付最受欢迎的颜色的汽车。于是黑天鹅事件出现了：在这种情况下，一个看似发生在遥远地方的事件突然扰乱了世界各地企业的运作。

然而，黑天鹅事件也可能是一种积极的力量，尤其是当我们有意为之的时候，就可以算作一种颠覆性创新。因为哪里有失败者，哪里就有赢家。每一项突破性创新都会让竞争对手猝不及防，让创新者占据先机。

20 世纪末，谷歌推出拉里·佩奇（Larry Page）和谢尔盖·布林（Sergey Brin）共同开发的网页排名算法，彻底击败了他们的竞争对手。网页排名算法是搜索引擎的搜索结果索引和排名技术的突破，与一般搜索引擎擅长使用关键字不同，这种技术在算法中利用了给定页面的链接的数量和质量。这种机制提供了质量更高和更准确的搜索结果，这是谷歌的竞争对手根本无法比拟的。只用了一年多一点儿的时间，谷歌就颠覆了互联网搜索引擎世界。前市场领导者 AltaVista 开始迅速失去其市场份额，排名第二的雅虎 Yahoo 情况稍好一些。谷歌的搜索引擎变得越来越强大，谷歌一跃成为世界上最大的公司之一。

黑天鹅事件可以分为 5 种类型。

最罕见的是那些具有全球影响力的黑天鹅事件，例如，全球性危机、某项技术突破和灾难性事件（如流行病），这些会让我们措手不及。无论是什么性别、年龄、教育背景、种族和性取向，也无论所处地点、行业，全球性黑天鹅事件几乎直接或间接地影响着每个人。2008 年的金融危机算是一个全球性黑天鹅事件，其规模无人能预料，而且几乎影响了所有国家和整个商业世界。

另外，还有行业性黑天鹅事件，这种事件只影响特定的人群或公司。一个显而易见的例子是行业监管者制定出的新规则。这种行业性黑天鹅事件中有一个很恰当的案例：航空监管部门突然地、完全出乎意料地发布禁令，禁止乘客登机时携带超过 100 毫升的液体。这种情况只会影响到航空公司的乘客，尤其是那些没有看到规则变化、没有及时调整自己行李的乘客。当然，称之为行业性影响并不能减轻黑天鹅事件所造成的伤害。当时我满怀遗憾和伤心，不得不在法兰克福机场留下一瓶上好的葡萄酒，这瓶葡萄酒是我在禁令生效的前一天放入手提包的。

从企业的角度来看，影响单个公司的组织性黑天鹅事件是最大的威胁。这些影响通常是由组织内部发生的事件导致的，公司要对自己造成的黑天鹅噩梦负责，因为这通常是决策失误所致。特别严重的一个黑天鹅案例是深水地平线号海上石油钻井平台爆炸事件，后果十分惨痛，数人因此丧生。除此之外，此次事件还带来了大规模的生态灾难，同时公司形象和财务均严重受损。据估计，这场悲剧让英国石油公司的损失超过610亿美元。

第四种黑天鹅事件只影响一小群人，比如一个公司的某个团队、一个家庭或者一群朋友。这样的例子有很多，例如，一个人意外患病，会影响整个家庭的财务决策，或者一个关键员工突然辞职，会影响整个公司的业绩。

第五种是影响个人的事件，这种事件只会让某一个人猝不及防。我怀疑，这是我们潜意识里最害怕的那类黑天鹅事件。在其他类别中，黑天鹅事件影响的是各种群体，而在第五种黑天鹅事件中，我们只能独自面对。无数案例表明，在许多领域中，一些才华出众、位居高位的成功人士也会大意失荆州，最后葬送了自己的职业生涯。

规则 1

未雨绸缪，时刻为黑天鹅事件做准备。在这个世界上，有一件事是肯定的：我们总会遇到黑天鹅事件，只是或早或晚的问题。

在黑天鹅事件频发的世界里，越来越难预测某一特定形势会如何发展。太平洋投资管理公司（PIMCO）前首席执行官穆罕默德·埃尔－埃利安（Mohamed A. El-Erian）和他的同事甚至在经济学背景下，采用“新常态”一词来专门形容这种现象。随着时间的推移，这个词越来越为人所接受，并被用在更广泛的意义上。

新常态指在现实中总是存在变化和意外，没有人知道会发生什么，即使是最近发生的事件也无法预测。这种新常态本身就相当令人不快，因为偏好确定性是人类的天性。如果我们对未来没有一个明晰的认识，我们的心里就会感到不适。更糟糕的是，在新常态下，传统的决策方法无济于事，多年来行之有效的决策机制会突然变得无用，传统风险管理方法也不再是适宜决策过程的基本工具，它变得不可依赖。然而，我们很难放弃那些久经考验的工具和方法，即使我们知道它们不再适合我们的目的，也不能再为我们提供可靠的数据，这样一来，我们做出正确决策的能力就会削弱。习惯的力量如此强大，以至于我们经常因此跌跌撞撞，尽管我们明白自己正行驶在错误的道路上，但还是错误频出。

看看 2008 年至 2012 年这段时间内的情况，就知道我所言不虚。金融危机和随之而来的经济崩溃本质上是全球范围内投资者、企业家、管理者、监管者，甚至是客户和消费者决策失误综合作用的结果，所有因素都在一个相互依存、相互联系的系统中运作。这是一个典型的“第 22 条军规”式困境：危机逐渐加深，使决策者越来越难以正确评估形势，而他们的错误决策又进一步破坏了局势的稳定，进而导致了更多的错误决策。

与此同时，在这日益喧嚣混乱的世界里，人们越来越执着于自己过去那套行之有效的管理方法，这样看来，一切错误选择似乎都不可避免。

当然，一旦世界从冲击中恢复过来，人们不禁会问一个至关重要的问题：到底是谁的错？在众多宏观经济阴谋论中，人们很少去考虑危机背后的实际决策机制以及新常态为决策者设置的诸多陷阱。

传统决策方法建立在一个简单的假设之上，即决策的质量和准确性都是基于决策者的能力和经验以及他们所掌握的信息的质量和完整性。这种方法多年来一直非常有效。如果一个决策是专业人士出于善意，并根据可信来源的信息做出的，那么这个决策很可能是正确的。所以，只要开发出良好的数据收集和分析系统，并将重要决策委托给最有能力的人，这样就可以确保万事无虞。然而最近几年，情况发生了逆转。在危机期间，正是那些最富经验、战绩赫赫的成功人士，依赖其一直行之有效的经验和可靠的信息来源，做出了灾难性的决定。突然间，各路商业明星纷纷跌下神坛，尽管他们有着辉煌的职业生涯和漂亮的履历，但还是失败了。他们不仅拖垮了整个企业，还毁掉了成千上万个人的财富。这些悲剧的原因不仅仅是贪婪，虽然许多人认为这是问题的根源。

其实，罪魁祸首是——火鸡。

第二章

养尊处优的火鸡

从前，有一只火鸡在农场过着幸福的生活。每天都有好心的农场工人给它送饲料，一天 3 次，每次 1 桶，每次火鸡都吃得畅快淋漓，而且吃得越来越多。除此之外，它的鸡圈还定期清洁。时间一天天地流逝，50 天，100 天，150 天，200 天。它每天的生活都一样：被喂食和有人给它清洁鸡圈。如果我们在第 200 天采访那只火鸡对生活有什么感受，它可能会对生活充满积极的态度，觉得这就是生活！如果我们问它，第 201 天的生活会是什么样子，它可能会感到困惑：生活还能怎么样？当然和以前一样，一日三餐和干净的鸡圈。可悲的是，火鸡并不知道感恩节临近，在第 201 天，它将会遇到它生命中第一个也是最后一个黑天鹅事件——这是它根据之前的经历无法预测的，它也无法为此做任何准备。

不幸的是，我们和火鸡并没什么不同，我们也有推断积极趋势的心理倾向。如果某件事情已经以可预测和有序的方式发展了相当长的一段时间，那么，我们会下意识地认为它会继续这样发展下去。这是认知系统为我们设置的陷阱，它会影响我们从周遭世界中吸收和加工信息并根据这些信息得出结论的方式。人们特别容易受积极趋势的影响，因为有意识或无意识地臆断当前的成功会引领未来的成功，总能带来某种自我安慰。同时，我们又常常忽视周围世界发出的趋势即将改变的重要信号，就像火鸡一样，经过他人 200 天的精心照顾，它不会注意到农场主正在磨刀霍霍。

在这样一个充满黑天鹅事件的新常态世界里，试图去推断趋势可能会造成致命伤害。一个黑天鹅事件的出现通常会导致局势发展方向与预测趋势背道而驰，并破坏现状，让决策者措手不及，因为他们本来对稳定的形势深信不疑。这里有几个例子。

我的一个熟人，让我们称他为“火鸡先生”，他是一位积极型股票投资者。他纵横金融市场多年，他的投资组合始终能带来高回报。“火鸡先生”一直认为自己是一个低风险投资者，譬如他避开像瘟疫一般的科技股，这使得他在 2001 年网络泡沫破裂时，可以免受巨额损失之苦。我记得，在那次网络泡沫破裂之后，他认为不管怎样，银行业都不会发生这样的事情，因为一两家公司可能会因为决策失误而倒闭，但整个行业全球性地彻底崩溃根本不可能发生。

到了2008年1月，这是“火鸡先生”投资生涯收益最好的1个月。看到银行股一路上涨，他欣喜若狂。他不厌其烦地向我解释，细致的趋势分析是做出准确决策的关键。他给我看了几十份图表和模拟分析，以证实他的确有理有据。很惭愧，我不得不承认，我对这些东西知之甚少。

电影导演经常使用的一个经典技巧是：在一个激动人心、改变生活的事件之后，荧幕上会出现一行字幕，上面写着“1年以后”。既然如此，那我们就快进，看看1年之后，这位主角的生活发生了什么改变。

这样对待“火鸡先生”是不是有点残忍了？1年以后，不出所料，我发现他成了一个满腹牢骚、愤世嫉俗的男人。“火鸡先生”不得不眼睁睁地看着他的投资组合在眼前化为灰烬，而他的投资组合主要是数家经营稳定、受人敬重的银行（或者说只有他认为如此）。

一段时间后，“火鸡先生”借着龙舌兰酒的酒劲坦白交代，承认他对积极趋势过于偏执。我清楚地记得他的原话：“我只看到我想看到的现实，我只接受能证明我的假设正确的信息，任何质疑这些假设的信息都被扔进了垃圾堆。在前几年形势大好的时候，更是如此。”这个故事大概就是这样。“火鸡先生”的一番话对其他投资者来说，应该也具有警醒意义。

再看看诺基亚。

在21世纪初，诺基亚一时风光无限。当时，这家芬兰手机制造商碾压各路竞争对手，市场份额一度达到惊人的50.9%。

安装在其设备中的塞班操作系统更是凭风借力，在2007年售出的手机中有62.5%采用塞班系统，市场份额非常高。

诺基亚的未来似乎一片辉煌，它一骑绝尘，把竞争对手远远地抛在后面。后来其他手机品牌出现了各种创新，如消费者当时很难接受的触摸屏，或者2007年11月12日推出的名为安卓的怪异操作系统，这些在当时都没有被视为威胁。一年多之后，第一款使用安卓操作系统的智能手机——HTC Dream诞生。尽管塞班系统受到了各种各样的警告和批评，但诺基亚仍然醉心于过去的巨大成功，继续支持这一系统，并坚持生产装有传统键盘的手机，或者充其量在手机键盘的基础上，配上小尺寸的触摸屏。

是时候动用电影导演的技巧了：

“6年后”。

诺基亚在手机市场的份额是2.8%（2013年第一季度数据），此时，已经无人记得塞班系统。根据国际数据公司发布的《全球手机季度追踪》报告，在2013年年底，售出的移动设备中，81%的设备为安卓操作系统，这就是那个诺基亚曾经不屑一顾的操作系统。与此同时，诺基亚几乎已经完全退出手机市场，诺基亚的失败成了21世纪最让人唏嘘的商业失败案例之一。2014年，微软收购诺基亚，并于2016年将其出售给HMD公司和富士康子公司富智康。2017年，诺基亚品牌重新回到市场，推出采用安卓操作系统的新款智能手机，这简直不可思议，但似乎很难在短期内恢复往日雄风。

诺基亚和“火鸡先生”犯了同样的错误。多年的成功让他们反应迟钝，然后很自然地做出错误的趋势判断——以为昨天一切一帆风顺，明天当然也会一马平川。

这种心态使得诺基亚很容易忽视来自各方的警告信息，后来证明，这些信息非常有价值，但诺基亚也只能悔不当初了。人们很容易坚持老一套想法，忽略新想法。在此期间，诺基亚向市场投放了多款新手机，但是没有几款大卖。市场已经投向触摸屏的怀抱，抛弃了传统键盘。最具讽刺意味的是，正如诺基亚前首席设计师弗兰克·诺沃（Frank Nuovo）回忆的那样，第一款使用触摸屏的智能手机和平板电脑原型机是由诺基亚在20世纪90年代末开发的，比苹果公司的iPhone和iPad早了很多年。可悲的是，诺基亚的总研发支出为400亿美元（4倍于苹果公司），却未能落实自己的研发方案并从中赢利。我们应该感到惊讶吗？正如行业门户网站Gizmodo所报道的那样，诺基亚首席策略师安西·万乔基（Anssi Vanjoki）在2009年年底表示：“虽然当时苹果公司已经很受瞩目……但诺基亚仍然是一家赚钱的公司。”

规则2

形势越好，越成功时，我们患火鸡综合征的风险就越大。

火鸡综合征越严重，遇到的黑天鹅事件就会越棘手。

很明显，前面提到的罗伯特·C.默顿和文德林·魏德金都没把规则 2 放在心上。在这两人的案例中，决策失误的根本原因在于，他们坚信过去的成功证明了他们所采用的解决方案的正确性和有效性，因此他们觉得没有必要改变现状。不幸的是，随着黑天鹅事件的出现，他们的那一套想法显得苍白无力。

在商业领域，人们已经开始从更宏大的角度去审视这种现象。吉姆·柯林斯（Jim Collins）以畅销书《从优秀到卓越》（*Good to Great*）闻名于世，他花了 4 年时间研究那些曾经的市场领导者溃败背后的原因。他在 2009 年出版了自己的研究成果，书名意思一目了然：《再造卓越：巨人也会倒下，但有的公司从不放弃》（*How the Mighty Fall:And Why Some Companies Never Give In*）。吉姆·柯林斯将巨人衰落的过程分为 5 个阶段，这非常符合上面描述的情况。

阶段 1：成功滋生出傲慢

不断的胜利滋生出傲慢，也因此失去了深究自己为何不断成功的动力。这个阶段最常见的症状是，越来越笃信自己成功是因为自己与众不同。

阶段 2：盲目地追求更多的欲望

相信自己是对的，相信一切尽在掌握之中，从而贸然挺进未知的领域，尽管此时他们并没有充足行事的理由。在这一阶段，他们通常不做深入细致的分析。当你确信胜券在握的时候，为什么还要费神去分析这个分析那个呢？

阶段 3：否认风险和危险的存在

这个阶段很关键，预示着死亡旋涡的开始。决策者一再忽视末日即将来临的预警信号，变得更关注现实中最积极的因素，不管这些因素多么微不足道，只要能证实他们的推测即可（我想“火鸡先生”会对这一点感同身受），然后接下来的所有决策都会走入歧途。

阶段 4：抓住救命稻草

当重大威胁突然袭来时，那些决策者张皇失措，忙不迭地做出反应，期望借助奇技淫巧，毕其功于一役。然而他们不能审时度势，处乱不惊，聚焦自己的目标所在，而是漫无目的，四处出击。砸钱推新产品并不难，然而，花钱需要技巧，花对地方才是拯救陷入这一阶段的公司的唯一方法。

阶段 5：纠缠于细枝末节或死亡

阶段 5 标志着财务状况的恶化和一系列错误决策已经摧毁了一家公司的内部能量，领导者威信扫地，员工士气低落。一家内部崩溃的公司只有两个选择：要么苟且偷生；要么断臂求生，关掉所有店面。

英特尔公司前首席执行官安迪·格罗夫（Andy Grove）经常说，成功使人自满，自满导致失败。形势越好，我们越不愿意改变现状，就越有可能忽视出现问题的警告信号。

当警告信号出现时，《大英百科全书》的出版商也是这样毫不在乎。《大英百科全书》最初的3卷在1768年至1771年出版，成为高品质百科全书类图书的代名词，取得了巨大的市场成功。几十年来，《大英百科全书》主宰着工具书界，并不断改进，巩固了它在业内不可挑战的霸主地位，没有同类产品可与它匹敌。《大英百科全书》是一个历史悠久的传奇品牌，拥有享有盛誉的学术委员会勤加维护，再加上书籍本身质量上乘，这使得它不仅对学术有所助益，也成了世界各地的收藏家们渴望收藏的对象。这样的商业模式是不可能失败的。的确，230年来，它一直长盛不衰。

到了20世纪末，这家出版商从他们的一位经理那里听到了一个奇怪的想法。一群爱好者决定创建一个在线百科全书，将条目定义和拓展的任务交给用户自己。出版商认为自己的作品是基于高度的学术严谨性和事实准确性，所以那个想法荒诞不经，不可能行得通。但是，2000年，新百科一经推出，大受欢迎，并在1年后更名为维基百科。它的多语言版本发展迅猛，人们可以通过维基百科轻松访问近400万个条目（大约是《大英百科全书》条目数量的40倍），这些条目可能没有这本传奇百科全书中的定义那么完美，但对于大多数用户来说，已经完全够用了。这样一来，《大英百科全书》的客户日渐稀少。10年前该出版商每年还能卖出10万多册，到了2010年，销售额就缩水到了微不足道的8500英镑。2012年，该公司做出一个痛苦的决定，放弃传统的出版形式，转而专注于数字版本，并开发其教育项目。一只看似人畜无害的黑天鹅突然出现，毁坏了这家出版商 200 多年的基业，彻底改变了这家出版商的经营领域。

这是近年来决策行为中出现的最大悖论之一：当我们越强大时，如果我们改变的意愿越消极，面临的风险就越大。与此同时，周遭的世界日新月异，这使得我们在竭力实现企业稳定和长期规划的过程中，面临着极大的风险。

今天，如果我们不能审时度势，随时准备调整自己的行为，那么灾难的发生可能只在顷刻之间。

体育界有一段名言：我最大的敌人不是我的对手，也不是运动伤害，我最担忧的是我过去的成功，因为我处于领先位置的每一天，都意味着我训练的动机以及在训练中投入额外精力的动力会日渐衰竭。

虽然我不确定这段话是谁说的，但它一直留在我的脑海里，因为它恰如其分地描述了新常态下的致命陷阱。这段话还让我们回想到管理变革的经典困境，任何企图改变自己公司、团队，甚至任何一个滑雪团体中把控程序的人，都熟悉这一困境。人们喜欢稳定，他们创造仪式，他们会自觉或不自觉地支持维持现状的决定。他们会去寻找论据，以证明拒绝某人所提出的变革的合理性，或者至少推迟它的实施。打破这种思维定式，让人们走出舒适区，发起变革，是商业领袖面临的最大挑战之一（这一问题将在第七章中具体讨论）。

如果你现在担心自己会成为一只火鸡，那么请系好安全带——接下来会是一段颠簸的旅程。

第三章

魅力型领导的权威陷阱

在进行决策时，有 3 种极其危险的影响决策的负面因素。1961 年，颇有争议的耶鲁大学著名心理学家斯坦利·米尔格拉姆（Stanley Milgram）一直密切关注对纳粹德国高官阿道夫·艾希曼（Adolf Eichmann）的审判。后者在阿根廷被以色列情报组织摩萨德抓获，然后送往耶路撒冷接受战争罪指控。在审判期间，阿道夫·艾希曼一直为自己辩护，坚决否认对他的指控，声称他作为一名士兵，必须服从上级的命令，上级对他来说是权威人物，所以自己不能违命。他把自己描绘成棋盘上可怜的棋子，受权势人物摆弄。他甚至认为，应该接受审判的不是他，而是做出决定的参谋长。这一辩护策略对艾希曼来说无济于事，1961 年 12 月 12 日，他被判有罪并判处绞刑，于 6 个月后被处决。

在艾希曼证词的激发之下，斯坦利·米尔格拉姆邀请他的学生进行了一系列实验，试图证明人们在受到强权人物和权威人士控制时，是多么容易盲目服从。在一个更为人熟知的实验版本中，米尔格拉姆告诉参与实验的学生，这个研究的目的是测量惩罚对记忆能力的影响。参与者的任务是以电击的形式惩罚“学习者”，电压在15到450伏之间。“学习者”由演员扮演，他事先和米尔格拉姆沟通过，知晓实验的真正目的。不同电压等级配备相应开关，这些开关都有非常明了的标记——15伏对应“轻微电击”，375伏对应“危险：严重电击”，450伏对应“×××”等等。“学习者”先前准备好的反应是具有高度暗示性的：在150伏时，“学习者”会要求离开实验；在285伏电压下，他会痛苦地尖叫。如果学生在切换到更高电压时犹豫不决，“老师”会介入（另一个演员，穿着实验服，其举止和外貌经过特别挑选，以便获得学生的尊重）。这位“老师”会用坚定、自信的语气告诉学生，不管“学习者”如何反应，他们都应该继续实验。结果很可怕，多达65%的参与者使用了最高等级的电压，使那位“学习者”遭受了有致命危险的450伏电击。

这个实验以及斯坦利·米尔格拉姆的进一步实验，说明了我们是多么容易接受那些我们认为是专家的人的意见和观点。我们没有对这些人的观点进行严格评估，并对他们所说的一切照单全收。如果我们第一次遇见某个人，并且他被当作权威人物介绍给我们，我们也会落入这个陷阱。

事实上，大量研究表明，与知识或经验无关的符号会影响我们判断一个人是否是专家。例如，如果他展示出财富的象征，比如贵重手表或高档汽车，或者穿着西装而不是运动服（米尔格拉姆实验中的“老师”穿着白色实验服也是同理），那么我们会认为这个人更加可信。虽然听起来很荒谬，但身高的确有同样的影响力。研究还表明，高个子的人会被认为更值得信任，甚至在政治领域也是如此。这一切意味着，如果有人精心设计将我们置于权威陷阱中，我们很难保持客观的态度。因此在决策的过程中，某人的权威性可能会产生严重的误导作用。

斯坦利·米尔格拉姆在《对权威的服从》（*Obedience to Authority*）一书中评论了他的实验结果：当绝对权威与被试者（参与者）抗拒伤害他人的最高道德律令相斗争时，尽管受害者的惨叫声在被试者耳边震耳欲聋，但往往还是权威胜出。人们极其愿意听从权威的命令，受其驱使并竭尽全力，这就是这项研究的主要发现，也是最迫切需要我们解释的事实。

在我们所处的世界里，这种危险随处可见。从广告商选择广告演员的策略上，不难发现这种温和却危险的表现形式。基于很多有关消费者的研究，我们知道，从消费者的角度来看，在止痛药广告中，一个里面穿蓝色衬衫、外面套着大白褂、高个子、头发花白的男人推荐药品，会被认为比来自亚文化圈的戴着眉环、身穿破旧皮夹克的年轻人更可信。其实在现实中，这些年轻人（也许是药学专业的学生）可能比广告演员更了解某个特定的药物。

这种危险在有组织的犯罪集团中表现得更为残酷：建立在

严格等级制度和众多仪式之上的有组织犯罪集团，无意识地利用类似的机制来强化其下属的服从意识。

在商界，权威陷阱被称为魅力型领导。

魅力这个东西很难定义。最常见的一种定义是：魅力是一个人身上能感动和激励他人的某些“东西”。但经过历史考据，不得不承认《新约》对魅力的定义更为精确。《新约》认为圣灵的魅力是神授的，包括预言、神迹和治愈的能力。随着时间的推移，人们开始用“魅力”一词去形容那些拥有无上权威，散发着成功光芒的伟大统治者、宗教或军事领袖。因此，魅力的现代定义慢慢演变为特殊的人格特征。拥有此类特征的个人能够获得不容置疑的权威，并对他人产生巨大影响。

这种意义的魅力在20世纪90年代初被引入商界。在当时，它是企业高管求职者身上最受欢迎的特征之一。这些求职者被要求除了说明其正式学历、工作技能和工作经验之外，还必须展示他们的语言说服力，口头和非口头交流的效力，以及应对压力的能力。招聘人员不断搜罗那些具有坚强、独特的个性，振臂一呼便能应者云集的人才。

然而，人们慢慢认识到并不是所有魅力型首席执行官都能带领公司走向成功——在许多情况下，他们甚至直接导致了公司的灾难性失败。其根本的问题在于，其他人会盲目信任魅力型领导，并不加批判、毫不质疑地遵循他们选择的路线。

这意味着组织内部逐渐失去了讨论的必要性，当领导者最终做出错误决定时，没有人知道他们应该如何将自己与公司从领导者的错误决策所造成的后果中拯救出来。当我们匍匐在领导者的魅力之下时，我们不会质疑决策者或其决策的正确性。

当具有超凡魅力的让－马里·梅西耶（Jean-Marie Messier）执掌法国维旺迪集团时，股东们付出了很大的代价才认识到这一点。1996 年，梅西耶被任命为法国通用水务公司（CGE）董事长，该公司在 1853 年 12 月 14 日根据拿破仑三世的一项法令成立。法国通用水务公司最初负责向里昂市供水，于 1860 年获得向巴黎供水的特许权。在接下来的几十年里，它在这一领域不断扩大商业版图。20 世纪 80 年代，它又进入公共服务、能源和公共交通等领域。然而，梅西耶对法国通用水务公司有着完全不同的愿景，他决定把它转变成一家全球媒体集团。他成功说服法国通用水务公司的股东，让他们相信这一创新决策的英明伟大。1998 年，法国通用水务公司正式更名为维旺迪集团，并开始出售一直以来构成其核心业务的多家公司。与此同时，该公司掀起了大规模收购狂潮，不仅收购了摩洛哥电信（Maloc Telecom）和哈瓦斯通讯社（Haves Media Agency），还与法国一流电影制作公司百代电影公司（Pathé）合并。2000 年 12 月，形势发生了剧变。梅西耶宣布与有线电视频道 Canal+ 合并，同时收购当时拥有环球影业和其他资产的加拿大施格兰公司（Canadian Seagram Company）。梅西耶的野心不止于此，他想挥霍掉公司的全部资金，就好像有今日没明日一般。在发起了多次收购后，维旺迪集团负债大约 371 亿欧元——此时梅西耶还没有从被收购的公司中迅速获利的计划。

紧接着就是2001年的互联网泡沫破裂和股市大崩盘，维旺迪在巴黎证券交易所的股价大幅下跌（从2000年的150欧元跌到两年半后的10欧元）。2002年，梅西耶被解雇。维旺迪集团年度亏损总额达到了233亿欧元的峰值，这在当时是法国公司有史以来遭受到的最大的财务损失，该公司后来经过艰苦卓绝的努力才恢复元气。让－马里·梅西耶也没能轻松摆脱自己制造的一片乱局，他被告上法庭，被指控欺诈和操纵股价罪。维旺迪环球公司的失败是一个典型案例，可以说明当一个魅力非凡的领导人选择了错误的策略，并设法说服他的拥趸盲目追随他时，他会有多危险。

大多数魅力型领导者都个性强硬鲜明、极端自信，怀着超越凡人的雄心壮志，并且经常自我膨胀。让－马里·梅西耶也不例外。他通常把自己的名字缩写为“J2m”，但他周围的人开始叫他“J6m”，意思是“让－马里·梅西耶，我本尊，世界之主”。

过度膨胀的野心会让我们罔顾现实，更容易做出错误或不合理的决定。以团购网站高朋网为例，2009年安德鲁·梅森（Andrew Mason）创立高朋网，将大量对大幅折扣优惠感兴趣的消费者与愿意提供折扣的零售商联系起来，这在当时是互联网购物领域的一个突破性概念。到了2010年，它已是利用新技术和社交媒体的集大成者。对于卖家来说，入驻高朋网好处多多：

销量大幅增加，清理库存速度加快，推广新企业或新服务的能力也有很大提高。例如，许多消费者受当地牙医诊所或美发沙龙的优惠价格吸引，成为回头客。梅森的创意获得了成功，高朋网很快和脸书以及 YouTube 一样，成为互联网标志性企业之一。这表明在互联网业，一个好创意价值连城。2010 年秋天，高朋网收到了一份异常慷慨的报价：谷歌表示有兴趣以近 60 亿美元的天价收购该公司。对一家已经达到成长峰值并且强敌环伺的企业来说，这个报价看起来很有吸引力。然而，梅森断然拒绝了这一报价，声称自己计划让公司上市。他说到做到。2011 年 11 月 4 日，高朋网在股票市场上市，且在第一个交易日股价暴涨 31%，投资者赚得盆满钵满，安德鲁·梅森不同凡响的想法和远见让投资者佩服得五体投地。

还记得电影导演的老把戏吗？

“1 年后。”

2012 年 11 月，高朋网股价为 2.5 美元，市值 27 亿美元，不及谷歌出价的一半。在年度排名中，美国消费者新闻与商业频道（CNBC）的赫伯·格林伯格（Herb Greeberg）将安德鲁·梅森评为“2012 年最差首席执行官”。2013 年 2 月 28 日，董事会和股东一致做出决定，解除了这位公司创始人的职务。行将离开的时刻，梅森在给员工的告别信中坦露心声，其中不乏自我揶揄，他写道：“担任高朋网首席执行官这 4 年半的时光紧张而美好，今后，我决定要花更多的时间陪伴自己的家人。算了，实话实说吧，其实我今天被解雇了。如果你想知道为什么，你有没有注意到……作为首席执行官，我失职了。”

梅森离职后，其亲密战友埃里克·莱夫科夫斯基（Eric

Lefkofsky）继任首席执行官一职。他承认，梅森拒绝谷歌的报价深植于他坚定的信念，他认为公司还有很大的增长空间，其价值是那家山景城巨头报价的数倍。

同样有趣的故事发生在另一家巨头微软身上。微软总部设在雷德蒙市。在 2000 年到 2014 年之间，微软的股东们并不十分开心。尽管微软公司首任执行官史蒂夫·鲍尔默（Steve Ballmer）极具魅力，也是媒体的宠儿（看看他在 YouTube 上的视频热度就知道了），但他自 2000 年 1 月担任首任执行官以来，在提升公司市值方面毫无建树，得到的评价也不高。当时微软的股价正处于巅峰，每股价值接近 60 美元，市值超过 5000 亿美元。本来大家对微软持续增长的前景抱着乐观态度，但现实是，其股价几乎一直在下跌，2001 年和 2008 年的金融危机更是让微软雪上加霜。2012 年年底，微软的股价为每股 26 美元，市值为 3000 亿美元，这已经从 3 年前的历史低点反弹了很多，3 年前微软的市值仅为 1600 亿美元。从投资者的角度来看，与其他新技术巨头相比，微软的前景更加不容乐观。在 2000 年至 2012 年之间，微软股价腰斩，而甲骨文公司的股价几乎翻了一番，从 17 美元涨到了 32 美元，谷歌的股价从 108 美元涨到了 400 美元以上，苹果的股价从 25 美元上涨到 530 美元。

2013 年 8 月，鲍尔默宣布他将在 12 个月内辞职。2014 年 2 月 4 日，当时的执行副总裁萨蒂亚·纳德拉（Satya Nadella）接替了他的职位，后者在微软公司工作了 22 年。

鲍尔默的继任者宣布后，这家雷德蒙市的巨头股价飙升，新任首席执行官在很大程度上达到了投资者的预期：在接下来的 3 年里，股价翻了一番，公司市值又增加了 3000 亿美元。重要的是，纳德拉的行为，不管在财务上成功与否，重要的是他重新燃起了这家公司被遗忘的创新精神。

魅力型领导也会造成更为严重的影响。在过去的 20 年里，安然公司总裁杰弗里・斯基林（Jeffrey Skilling）是世界上最让人服膺的商业领袖之一。他毕业于哈佛商学院。哈佛商学院教授拉凯什・库拉纳（Rakesh Khurana）在《哈佛商业评论》杂志上发表的一篇文章中对安然公司管理文化进行了细致剖析，他写道：

“一位安然前任高管认为安然公司高层盛行一种‘唯命是从的文化’，首席财务官安德鲁・法斯托（Andrew Fastow）痴迷斯基林。据报道，他甚至以后者的名字给自己的一个孩子命名，并聘请设计过斯基林休斯敦豪宅的建筑师来设计他自己的房子。”

斯基林拥有非凡的内在能量，以及说服他人接受他想法的能力。例如，他以一句“你为此准备好了吗？”就成功说服董事会放弃遵守最高管理层内部道德准则的要求。他同样能有效地说服审计人员在审查公司财务报表时采取更具创造性的视角。这一切都以 2001 年安然公司的轰然倒塌而告终，2006 年 5 月，杰弗里・斯基林被判处 24 年监禁（该刑期在 2013 年减到 14 年）。安德鲁・法斯托也入狱 5 年多，于 2011 年获释。

规则 3

我们越是钦佩一个人，就越应该批判性地审视他的观点。

一个人的愿景看起来越是激动人心，就越应该检验它的现实依据。

魅力型领导还有一个重大缺点。即使一家公司目前由一位似乎不会犯错的领导人领导，而这位领导人又总是能够做出正确且合乎道德的决策，但仍有一个惊天陷阱在未来等着：继任者。许多公司之所以失败，仅仅是因为在经历了一个伟大领导人带来的成功后，找不到一个同样伟大的继任者。这类公司发现很难再次找到一个真正有魅力的领导者，正如苹果公司在史蒂夫·乔布斯（Steve Jobs）去世后面临的处境一样。

第二种影响决策的负面因素与一个和世界一样古老的现象有关：遵奉主义。

在许多商业培训课程和会议上，你可能会听到一个虚构的故事，故事的主角是一些猴子、香蕉和异常讨厌的研究人员：20 世纪 60 年代，有传言称研究人员进行了这样一项实验，在实验中，一架梯子放在实验室的笼子里，笼子顶部悬挂着诱人的香蕉。然后，在笼子里放进几只猴子，不出所料，它们都跳到梯子上，争夺香蕉。但是，当跑得最快的猴子伸手去拿香蕉时，它和其他所有猴子都会遇到令人不快的意外。

当那只猴子伸手去拿香蕉的时候，会触动喷水系统，冰水从上面喷洒到整个笼子。这意味着所有的猴子都会受到惩罚，而不仅仅是那只够着香蕉的猴子。猴子们很快认识到爬上梯子去拿香蕉是一个坏主意，所以它们就懒懒地坐在笼子的地板上。研究人员接下来的动作颇为有趣。他们把笼子内这些态度消极的猴子放出去一只，再放进来一只新来的猴子。这只新来的猴子还是充满热情地爬上梯子，却有点惊讶同伴们坐在那里无动于衷，好像对香蕉没有兴趣。其他猴子的反应当然可以预期：当新来的猴子爬上梯子时，它们都扑向它，竭力让它别碰香蕉，而自己却没有试图去够香蕉。新来的猴子不明白它们这种攻击性行为的原因，但也知道爬上梯子不是明智之举。研究人员不断更换笼子里的猴子，从这群猴子中放出一只，再换进去一只新的。每一次，同样的情况都会发生，试图去取香蕉的猴子都会受到攻击。令人惊讶的是，即使笼子里已经没有一只第一批的猴子，只有那些从未经历过冷水浴的猴子，结果还是一样。看来习得的教训——不要爬上梯子，已经成为一种律令，影响了其他猴子对新来的猴子做出的行为。它们攻击每一只试图爬上梯子的新猴子，尽管不知道自己为什么要这样做。

关于这个实验的真实性存在一些争议。然而，引用 16 世纪的哲学家乔尔丹诺・布鲁诺（Giordano Bruno）一句经典的话：“就算这个故事真实性存疑，但起码它的立意不错。”

即使这个猴子梯子实验从未发生过，这种特定群体行为的实际学习机制也能广泛适用，并且影响到我们每个人。

这个潜在的现象叫文化适应，或者指一种新的行为模式的同化作用。在商业环境中，这意味着新员工必须快速学习和接纳同事的典型行为、态度和信念，以便尽快地融入其中，被其他人接受。

虽然组织文化模型这一话题近年来很受欢迎，并且在公司运作中真正发挥了有效的作用，但它在决策问题上仍有负面作用。它涉及不仅要统一团队或组织的行为和态度，而且要统一团队或组织的思维方式。这种统一在决策过程中可能是一个影响恶劣的负面因素，原因和权威陷阱一样：它妨碍我们对形势的客观评估。

遵奉主义问题通常始于人员招聘阶段。你可能会问我为什么这么说。想象你正在为你的团队纳新，最后的入选名单上有 4 名求职者，他们都有着出色的简历和相关工作经验，同样能干且非常专业。然而，在面试过程中，你意识到虽然你对其中 3 个求职者感觉满意，但似乎和第 4 个求职者最合拍。你们相处得非常融洽，想法相似，甚至使用相似的表达方式。

那么你应该雇用谁呢？

第 4 个求职者似乎是上上之选。多数招聘人员会陷入所谓的“克隆陷阱”，即雇用一个符合他们自己的认知机制，以同样的方式看待现实、处理数据，并得出类似结论的人。

公司通过鼓励员工顺从以形成一个有凝聚力的群体，从而强化遵奉主义陷阱。所有的这些都源于一个根本性的误解，即：“和谐的团体 = 紧密的团体 = 有效的团体”。

讨论越顺利，结论来得越快，公司就越满意，而这种和谐通常以糟糕的决策为代价。

规则 4

周围的人越是坚持认为某件事不可能，我们就越应该亲自去反复核实。

权威陷阱和遵奉主义的共同作用，会带来最严重的也是最常见的错误决策。也就是说，当面对一个我们亟须解决的黑天鹅事件时，如果一个团队是由一位魅力型领袖领导的唯命是从的团队，而且这个团队近期也取得不少辉煌战绩，并因此在公司内声望甚隆、极受重视，那么对于这样一个团队来说，打破现状是非常困难的。最重要的是，他们似乎没有理由改变现有的团队愿景和工作方式，因为这些是由一个至高无上的权威制定的，并且有长期的业绩背书。这种团队的另一个特点是全体成员的一致性，个人之间没有意见分歧。在这种情况下，你不会在任何地方发现建设性的分歧和由此产生的公开讨论。

在这种情况下，如果再考虑到沉没成本效应，只会让形势雪上加霜。

下面介绍第 3 种影响决策的负面因素。

尽管大多数人都这么认为，但协和式飞机并不是世界上第 1 架超音速客机。1968 年 12 月 31 日，由安德烈·图波列夫（Andrei Tupolev）设计，苏联沃罗涅日飞机制造厂生产的 TU-144 超音速客机升空，比法国和英国联合研制的协和式飞机首飞时间早了两个多月。1969 年 6 月，苏联人也把研制出第 1 架突破声障的客机这一荣耀揽入怀中。4 个月之后，协和式飞机才达到这一目标。

尽管输掉了那场比赛，但协和式飞机赢得了最终的声誉，全面超越了 TU-144。TU-144 虽然取得一些领先优势，但很快就退出了商业市场。这背后有许多原因，其中最重要的一点是 TU-144 技术严重落后，且安全性差，已经导致了两起灾难性事件的发生。第一起发生在 1973 年巴黎航展期间，该机型的公众形象因此长期受损。此外，苏联人在宣传上享受着击败资本主义阵营两大强国的巨大成功的同时，也清楚地意识到开发和维护商业飞机的高昂成本。因此，他们在 1978 年很干脆地下马了 TU-144 的运营项目，从 1975 年 12 月投入货运，TU-144 飞机仅运营了不到 3 年，完成了 55 次定期航班的飞行。

协和式飞机的命运完全不同。在英法两国政府的大力资助下，英国飞机公司和法国南方航空公司始终以它们的飞机标志着跨大西洋飞行的突破性成功为卖点，迅速获得十几家航空公司约 70 份订单。

除了法航和 BOAC 航空公司（英国海外航空公司，在 20 世纪 70 年代更名为英国航空公司）以外，汉莎航空公司、日本航空公司、美国航空公司、加拿大航空公司和新加坡航空公司等多家航空公司也都希望引进协和式飞机。然而，1973 年石油危机爆发，燃料价格飙升，再加上协和式飞机生产成本高昂，以及人们对其尾气排放和引擎噪声引起的环境问题的日益担忧，几乎使所有潜在买家都放弃了购买这种型号的飞机。

市场需求的崩溃动摇了这家飞机制造商存在的根基，生产成本也急剧上升。20 世纪 70 年代中期，生产成本已经是最初估计数字的 6 倍，英法两国国内要求中止协和式飞机项目的呼声也越来越大。然而，在这一时间节点上放弃就意味着已经投入的资金将付诸东流，更糟糕的是，这一行为将对两国及其政府的形象造成严重打击。因此，该项目继续运营，协和式飞机最终加入了英法两国航空公司的机队。当然，这在一定程度上也归功于两国政府利用公共资金提供的巨额补贴。定期客运航班在 1976 年开始运营。

在此后的几年里，协和式飞机褒贬参半。因为该机型是英法两国先进技术成就的象征，但这个项目耗费大量纳税人的钱，却没有机会收回投资成本。之后，关于环境问题的持续讨论使它的争议进一步扩大，总有国家因协和式飞机噪声过大而禁止该型号的飞机飞越自己的领空，或者对飞机速度加以限制——使其只能以亚音速飞行。许多机场因为害怕当地居民的诉讼，拒绝接受该飞机使用其跑道。

然而，协和式飞机还是一直勉强支撑到 21 世纪初。世人皆知的 2000 年 7 月 25 日巴黎空难成为压倒它的最后一根稻草。在那次空难中，100 名乘客、9 名机组人员和 4 名地面人员全部遇难。

航班停飞数月之后，2003 年，这两家航空公司同时让这些外形美观、设计精巧但造价昂贵的巨兽退役了，它们最后流落到了世界各地的航空博物馆。

然而，协和式飞机的遗产不仅存在于博物馆里，还存在于社会心理学中。“协和谬误”一词成为社会心理学中“沉没成本效应”的通俗说法。

沉没成本效应指一个行为的非理性延续，这个行为没有成功的可能，但我们已经投入了大量的人力、物力和时间。深陷这种陷阱的人们认为，他们已经付出了巨大的成本，不能就此放弃，因为这时放弃，基本上就确认了他们的损失。我们都遇到过许多类似行为的例子。投资方向错误的人继续追加投资，继续耽于终究会成功的虚幻假象。输光了所有钱的赌徒义无反顾地典当手表，怀着回本的妄想。一辆车经过无数次修理之后，仍然故障不断，并继续消耗你的资金，还让汽车修理工背后偷着乐。我们发现自己很难决定放弃，因为放弃也就等于承认自己错了，因此，我们在发现问题之后仍会继续追加投入。

沉没成本效应中一种特别危险的形式是形象陷阱，因为我们的声誉也是一种投资。我们越是支持一项有风险的事业，就越觉得自己在与它产生情感纠葛。我们越是情绪化，就越难保持中立。多年前，一个高科技行业的朋友就说过，世上最难的事莫过于放弃一个以你的名字命名的项目。

因此，人们常常以“协和谬误”称呼沉没成本效应，的确是有缘由的。这个开创性项目从经济角度考虑越来越站不住脚，到某个时间点，的确应该束之高阁，等到更合适的时候，或技术进步使其有可能降低运营成本和噪声水平的时候再重启。不幸的是，已经产生的成本，加上早先来自航空公司和英法两国政府的热情表态，让决策者坠入了沉没成本陷阱，无法自拔。

他们继续做出经济上不理性的决策，继续推进这个项目，并把该机型引进两国航空公司的机队。

在我们周遭的环境中，这样的例子比比皆是。

令人惊讶的是，德国人一向以稳健和谨慎著称，却也犯下同样的错误，在一个财务项目的无底洞里苦苦挣扎。柏林过去有 3 个机场，分别是舍内菲尔德机场、特格尔机场和滕珀尔霍夫机场。德国统一后，想在柏林建造一个大型机场，以容纳现有机场的大部分乘客，不仅为德国首都服务，也为整个勃兰登堡州服务。经过多番讨论后，新柏林勃兰登堡机场于 2006 年开工建设，预计每年为近 3000 万名乘客提供服务。建造成本估计超过 20 亿欧元，机场将于 2010 年向乘客和航空公司全面开放。因为预计新机场将按计划开放，所以滕珀尔霍夫机场于 2008 年停止运营，但在 2010 年，新机场却未能如期开放。而且，似乎没有人能够确定这个项目的确切竣工日期。到 2010 年，该项目团队唯一的成就是为机场确定了以谁的名字来命名：维利·勃兰特（Willy Brandt）击败了阿尔伯特·爱因斯坦（Albert Einstein）、玛琳·黛德丽（Marlene Dietrich）和克劳斯·冯·施陶芬伯格（Claus von Stauffenberg）等人入选。之后，项目团队宣布机场将于 2012 年 6 月 3 日开放。2012 年 5 月，开放日期改为 2013 年 3 月 17 日。到了 2012 年 9 月，开放日期又改为 2013 年 10 月 27 日。

我相信你现在已经猜到了，机场仍未如期开放。就这样，2013 年年初，德国政府宣布柏林勃兰登堡机场将于 2014 年开放。然而，这仍然是一个非常乐观的预测，到了 2014 年年初，新机场又遭遇致命一击：唯一考虑将柏林勃兰登堡机场作为其主枢纽的柏林航空公司已经陷入财政困境（该公司最终在 2017 年年底破产，形势变得更加复杂）。此时，我们可以确定机场的启用时间将会遥遥无期。需要补充的一点是，迄今为止，该项目已经投入近 70 亿欧元——这肯定不是最终数字。柏林市长、柏林勃兰登堡机场项目监督小组组长克劳斯·沃维莱特（Klaus Wowereit）辞去了组长的职务，并承认自己在该项目中表现不力。这是一个很有担当的姿态，但仍然没人能确定新机场到底什么时候开放，如果能开放，还需要花多少钱。

再看看你周围。从客观的角度来看，许多公司都有大量没有成功希望的项目，但仍然允许它们继续下去，因为它们已经耗费了大量的金钱和时间，没人有勇气指出这是皇帝的新装。我在为一个客户主持会议时，一家大型科技公司首席执行官非常贴切地形容了这种现象。他将他们公司内许多低效商业项目称为泰坦尼克号，认为这些项目和泰坦尼克号一样，很明显船正在下沉，已经无法挽救，但一些人仍然在试着用水泵把水抽出来，而不是去处理更重要的事情。

决然放弃泰坦尼克号能够为我们带来收益，因为我们可以将员工的时间和精力释放出来，投入其他更有建设性的任务中，让我们的投资得到更大的回报。当今世界，时间才是最珍贵的，因为它可以转变成一个巨大的优势。

我们很少会意识到我们能节省多少钱。例如，一家大型服务行业公司的董事会连续两次拒绝了该公司需要审查其项目组合的建议，并声称这在经济上没有意义。当提出建议的人第 3 次向董事会提出这一想法时，他们终于说服了董事会。随后，该公司引入了一个通过准确评估关键绩效指标（KPI）而快速淘汰无效项目的系统。仅在 6 个月内，该公司就将项目数量削减了 18%，这使得参与项目的员工数量减少了 24%。人力的节省并未影响该公司项目组合的收入，而这一成就全靠淘汰那些没有成功可能也没有赢利前景的项目实现的。

规则 5

我们投入的时间、精力、财力和声誉越多，就越难客观地评估形势并做出正确的决定。

当科林·鲍威尔（Colin Powell）被问及他对领导力的理解时，他说："领导之道，就是取得在管理科学看来不可能取得的成就的艺术。"通常情况下，一个组织中的实际领导者会说服下属就相关问题进行深入的讨论，但这些人深信问题的解决方案显而易见且安全可行，并已经接受过考验，能够行之有效，从而使得领导主持的此类讨论变得毫无意义。在黑天鹅事件层出不穷的世界里，这种领导方式非常危险。

人类无意识地倾向于推断积极趋势，再加上容易屈从于真实或假定的权威，以及天生愿意调整自己的行为以满足群体的期望，这些都是我们每天犯下各种错误的根源。在过去的 20 年里，我经常遇到非常优秀的管理者，但面对意外的失败，他们常常目瞪口呆，完全不知道其中的原因。

“这个业务流程已经臻于完美，以前从未让我失望过。”

“我遵从市场上最优秀的顾问的意见。”

“一年前我对这个项目没有投入精力，但现在我每天都在它身上花费超过 12 个小时的时间，已经舍不得放弃。我已经把我的一切都投到这个项目中了。”

“每个人都相信这是正确的决定。”

“这不可能发生。”

当开始谈论这些由我们的认知机制和社会心理学所设置的基本的决策陷阱时，我们很快就发现了错误的根源。管理者问自己：“我怎么会这么蠢？”其实没有什么教育意义，但它确实引向了另一个更基本、更有成效的问题：“以后该怎么让自己别这么蠢呢？”

在接下来的两章里，答案即将揭晓。

第四章

决策是一个过程，而非简单的决定

做正确决策时需要遵循一个非常简单但十分有价值的准则：永远把做出正确决策当作一个过程，而不是一个事件。换句话说，不要把决策简化为单次行动或一个时间点，而要把它当作一个过程。这需要采取一个适当的方法去仔细审视选项，然后再做出选择，并且及时跟进。谨记，要密切关注时间要求。我们大多数的决策错误不仅是因为决策前的准备工作不足，也是因为对具体实施要求了解不充分。这样要么导致决策有所欠缺（错误的方法），要么就是决策看似完美，但没有带来预期结果（错误地实施）。

决策过程有 3 种基本方法，根据具体情况，每种方法都有其独特的优势。

第一种方法被称为程序化决策方法，它本质上是一种直觉性方法。在这种方法中，我们利用重复的经验、根深蒂固的习惯和决策机制，无意识地做出决策，不用对这一决策思考太多。这种方法听起来很危险，其实不然。所谓程序化决策方法是我们在已知条件下，即当我们确切地知道行动的影响时，习惯性地进行重复性决策的方法。在这种情况下，程序化决策方法能达到一定的效果，而且由于这种决策方法的自动性，致使我们在做出决策的过程中无须思考，从而节省我们的时间和精力。这样，我们就可以把这些时间和精力分配给那些更重要、更需要意识参与的决策中。驾驶手动挡汽车就是决策程序化的一个常见例子。当你刚开始学习驾驶手动挡汽车时，每次换挡都是有意识的、深思熟虑的决定。你在做出决定时，会在大脑中复盘整套动作。例如，如果你想加挡，你需要先确定转速是否足够高，然后踩下离合器，同时将脚慢慢松开油门，直到离合器啮合为止，接下来再选择高挡位，然后慢慢松开离合器，同时轻踩油门，以免发动机熄火。但是，有了几年的驾龄，驱车行驶几十万英里之后，你的驾驶经验变得更加丰富了，开车动作也越来越程序化和自动化。这样，你可以一边开车，一边思考其他各种决策，完全不需要再去集中精神考虑换挡的问题。

因此，当你面对固定的环境，而且决策本身是可重复的，已经在许多场合经历过考验的情况下，程序化决策方法不失为一种自然而恰当的方法。

这种决策模式在我们意识还没有参与进来的情况下，就开始以某种方式运作。但是，如果我们对不太常见的问题不做深入分析，而受程序化决策方法的影响，把此类问题当作常规事件来处理，那么我们做出的决策就可能会存在一定的风险。

另外两种决策方法被称为辩护法和质询法，它们都是人们有意识的思考过程，并且经过理性的评估，但在其他方面，两者又有显著的差异。

在辩护模式中，当我们遇到需要做出决策的问题时，以前的经验、知识和对形势的感觉，会指引我们找到一个合适的解决方案。一旦找到出发点，我们就会搜寻信息以确认自己想法的正确性。如果能够收集足够多的相关信息，我们就能做出相应的决策，然后根据决策采取行动。在这种模式下，决策者和团队会快速高效地运作，寻找与所做决策相关的关键信息。因此，在我们应对经典风险管理问题时，也就是说，如果我们知道决策的后果，以及风险发生的可能性的大小，那么辩护法就行之有效。在这种情况下，我们只需要分析假定的方法能否被具体测试数据证实即可。绝大多数商业决策都是根据这种模式做出的，因为它使我们节省了时间这个宝贵的资源。

辩护模式的缺陷是：对可用信息的分析表面化、不完整。一个墨守成规的团队在时间紧迫的情况下尤其如此。在某些情况下，人们为了避免引起他人的疑问或扩大对问题的讨论，甚至有意过滤某些信息，只呈现出支持某些决策的数据。

这种错误在压力状态下尚可原谅，但在不确定的情况下，比如一旦出现黑天鹅事件，我们无法评估某项决策会造成什么后果，也无法评估这些后果的严重性，此时采用辩护法就可能会给我们造成致命伤害。欧洲航空安全组织对埃亚菲亚德拉火山爆发的反应就是此类错误中的典型案例。虽然他们最初的决策是正确的，即停止空中交通，因为我们以前从未遇到过这种情况，也不确定实际飞行风险，但后来的决策是错误的。欧洲航空安全组织陷入了辩护模式，他们只接受那些能证明在当时条件下可能会造成灾难发生的论据，以证明他们决策的正确性。与这种想法不一致的数据，以及航空公司通过实地飞行所获得的数据，要么被该组织忽略，要么被拒绝接收。

1998年，戴姆勒－奔驰和克莱斯勒两家公司的决策者在双方准备合并时就犯了类似的错误。从表面上看，当时形势一片大好：双方做了尽职的调查，对合并后公司的前景进行了详细分析，这些分析清楚地表明这一决策的切实益处。合并工作越深入，戴姆勒公司的于尔根·E.施伦普和克莱斯勒公司的罗伯特·J.伊顿两位首席执行官对此就越热情，其他高管也越是认同他俩的乐观态度。因此，两位首席执行官拿到了越来越多的数据证实这是天赐良机，这些分析数据显示，新成立的公司不仅会促进销量增长，而且能大幅降低经营成本。两家公司最终合并时，所有人都相信这是一笔非常明智的交易。然而几乎同时，两家公司的日常合作和沟通均出现了障碍，双方经理和团队之间经常发生冲突，许多错误的商业决策也由此产生。结果就是戴姆勒－克莱斯勒公司的股价在合并当天为100美元，但在接下来的两年里暴跌了一半以上。

尽管公司老板做了各种努力，也执行了无数个支持整合的内部项目，但问题仍未解决。2007 年，戴姆勒公司选择和克莱斯勒公司从法律上切割。该公司以不到 75 亿美元的价格将股票出售给了瑟伯罗斯资本管理公司，但所得资金连 15 亿美元都不到，因为剩下的资金必须用于支持克莱斯勒公司的运营。坏消息还没有结束，在分割协议生效之前，戴姆勒公司还必须填补合并公司的持续亏损，总额达 16 亿美元，其中戴姆勒公司要承担 6 亿美元左右。然而，从商业角度来看，拆分的决定并不坏，尤其是戴姆勒公司因此摆脱了克莱斯勒公司员工合同中包含的未来养老金债务。对克莱斯勒公司来说，故事的结局更糟糕。2009 年，美国金融危机让它雪上加霜，该公司不得不援引 11 号法案申请破产保护。

这桩“世纪交易”的结局出人意料，失败的原因主要在于两家公司在合并前进行了过度的选择性分析。在尽职调查过程中，他们只审查了业务因素（产品组合，市场和客户细分，财务和运营前景等）。平心而论，这些因素看起来的确很乐观，但他们忽略了双方巨大的文化不相融性。这种不相融性不仅来自两家公司各自的企业文化，更来自德国和美国之间的文化差异。戴姆勒公司是一家保守的企业，等级森严，公司主导的文化是所有运营和决策活动都基于可靠数据，必须细致周密、有条不紊。而克莱斯勒公司高度分散化，强调自由运营，希望员工能够富有创造力，独立做决定，甚至自行承担风险。所以，这些差异对合并后的公司造成了沉重打击，导致矛盾众生，企业难以正常运营，继而对公司士气产生严重的负面影响，可能也就不足为奇了。文化差异这一潜在问题对《波斯公主选驸马》的读者来说可能显而易见，但在当时轻易地被双方忽略，因为两家公司得到的信息及对信息分析的结果都支持双方合并。

在出现黑天鹅事件的情况下，如果戴姆勒公司和欧洲航空安全组织能发现自己所处的情况，那么第三种决策方法——质询法——应该是唯一选择。在质询模式下，决策者尽力分析所有可用数据，从各种角度审查证据，动用尽可能多的人员，考虑到尽可能多的观点。这样就会促成公开的、具有建设性的讨论和想法的头脑风暴（对不同选项、行为和可能的场景的详细讨论），但不涉及个人情感冲突。质询决策法的最大优势就是它具有多样性：在做出决策之前，组织不同职位、不同经验背景的个人参与到分析和准备阶段中。团队内部的认知越多样化，讨论就越深入、越全面，决策过程也就越谨慎。质询法无疑是最耗时的方法，但它有助于人们根据对数据的细致分析和对各种可能出现的场景的评估，做出最佳决策。

约翰·F. 肯尼迪（John F. Kennedy）在解决冷战时期两个超级大国之间最严重的冲突——1962 年古巴导弹危机中，始终贯彻了质询决策法。吊诡的是，这一次的成功是以猪湾行动的失败为开端的。

1959 年，在菲德尔·卡斯特罗（Fidel Castro）掌握古巴政权后，社会主义被认为已经逼近美国国土，置美国于危险境地。菲德尔·卡斯特罗上台后的第一批政策就包括将古巴的私有财产收归国有，这一政策激怒了美国人，美国人因此损失了大约 20 亿美元的资产。作为反制措施，1960 年 10 月，美国政府开始对古巴实施贸易禁运。除此之外，美国还有进一步行动。艾森豪威尔（Eisenhower）在任期间，美国中央情报局在危地马拉成立了 2506 突击旅，这支武装部队主要由反菲德尔·卡斯特罗及在卡斯特罗夺取政权后移居美国的古巴人组成。该旅近 1500 人，目标是进攻哈瓦那并推翻政府当局。美国中央情报局向艾森豪威尔的继任者约翰·F. 肯尼迪提交了这次行动的纲要，以及一系列证明这次行动必定成功的论据和数据，肯尼迪最终签署了这项命令。因此，在 1961 年 4 月 17 日，2506 旅的 5 个支队在 48 小时内降落在猪湾的吉隆海滩上。一切很快就结束了，由菲德尔·卡斯特罗亲自率领的古巴军队迅速控制了局势。2506 旅中有 100 多名成员被杀，几百人被捕，这些人或者被判 30 年监禁，或者被送回美国，以换取价值 3000 万美元的拖拉机。许多人立即开始猜测中情局是整个行动的幕后黑手，从而引发了一场惊天丑闻，导致当时中情局局长艾伦·威尔士·杜勒斯（Allen Welsh Dulles）被迫辞职。

猪湾行动在准备阶段所犯的错误，总结下来就是一个典型的决策过程的错误：在不确定的背景下，在一群黩武人士主导的环境中，通过辩护法而不是质询法做出如此复杂的决策。但这还不是问题最糟糕的部分。后来人们得知，军方和中央情报局的代表故意将知悉当地情况和拉丁美洲现实并且不支持这次行动的美国国务院专家排除在讨论过程之外。

结果，所有的讨论和分析都往积极的方向粉饰，一系列关键性的假设都没有得到核实。例如，将 2506 旅从猪湾的吉隆海滩运送到距离海岸近 19 英里（1 英里约合 1.6 千米）的山区所需的时间，以及古巴人对形势的实际感受，这些都没有得到核实，他们认为打击菲德尔·卡斯特罗的任何行动都会得到古巴人民的支持，后来证明，这一假设完全是没有根据的。

肯尼迪承担了此次灾难的责任，并决定彻底改变对国家来说至关重要的决策方式，并迫使他的顾问采用质询法进行决策。

1 年后，他的机会来了，当时正值紧张局势不断升级，世界濒临核战争。此时美国刚刚经历猪湾溃败，苏联决定乘虚而入，在古巴部署能够携带核弹头的导弹。1961 年时，美国就已在 10 年前加入北约的土耳其的领土上成功部署了朱庇特导弹，苏联试图借此机会，在军备竞赛中扳回一局。苏联从 1962 年上半年开始向古巴运送 42 枚 SS-4 导弹和 24 枚 SS-5 导弹，但很快被美国情报部门发现。1962 年 8 月 15 日，美国洛克希德公司的一架 P-2“海王星”侦察机发现苏联船只鄂木斯克号正驶向古巴。10 月 14 日，理查德·S. 海瑟（Richard S. Heyser）上校驾驶一架 U-2 间谍机追踪 7 个小时后，拍摄到一些录像片段，证实了华盛顿最担心的事已经发生：在距离佛罗里达海岸仅 90 英里的古巴，安装了能够运载核弹头的苏联导弹发射器。约翰·F. 肯尼迪迅速做出反应。他从猪湾事件中吸取教训，于 10 月 16 日召开国家安全委员会执行委员会（EXCOMM）会议，该执行委员会不仅有来自军队和情报部门的高层代表，还包括军界以外的人士。执行委员会的行动遵循以下几项原则：第一，所有执行委员会会议不仅要有该领域的专家参加，还要有其他领域的代表参加（例如，军事决策不仅需要军队和情报部门人员参与，而且也需要吸纳商界、外交界、学术界等方面人士的意见）；第二，执行委员会成员被告知在任何时候都要持怀疑态度，并且不管他们事先对某些主题的了解程度如何，都要深入挖掘以了解正在讨论的一切；第三，在会议期间，所有繁文缛节和等级观念都被搁置一边，罗伯特·肯尼迪（Robert Kennedy）以及他的老朋友和顾问西奥多·索伦森（Theodore Sorensen）负责确保这个规则得到遵守。然而，最重要的原则是针对美国总统本人的：因为总统意识到他的意见会对会议中其他人的意见产生举足轻重的影响（权威陷阱），他决定不参加小组的初期会议。

形势异常严峻，他们需要对一系列选择进行详细分析。苏联成功地在古巴部署核弹头及美国发动大规模入侵都可能构成发动全面核战争的理由，因此这两种极端情况，即不采取任何行动或对古巴发动大规模进攻，都具有难以想象的风险，因为每种情况都绕不开一只黑天鹅——没有人知道苏联会如何反应。就此，执行委员会内部成立了两个工作组。一个工作组负责起草一份详细的进攻计划，一直由军方推动，另一个工作组负责寻找可能阻止苏联在岛上安装核弹头的解决方案。经过多番讨论，第二组提出了一个折中方案，即由美国海军对古巴实施海上封锁，致使苏联无法向古巴供应核弹头。

10 月 22 日，肯尼迪总统选择支持折中方案，这让将军们非常懊恼。他们宣称已经动员了 18 万名士兵，并计划在行动的第一天出动1000多架战机。在重型巡洋舰纽波特纽斯号的率领下，共计40艘战舰被派往古巴封锁海域。这一举动为美国赢得了一些时间。

然而，海上封锁并没有解决问题，在随后的几天里，局势继续升级，美国战舰鸣炮示警。随着月底的临近，两个超级大国之间的直接对抗似乎越来越不可避免。1962年10月26日，美国有史以来第一次进入二级戒备状态。

执委会成员之一卢埃林·汤普森（Llewellyn Thompson），是前美国驻莫斯科大使，他非常了解尼基塔·赫鲁晓夫（Nikita Khrushchev）和他的妻子。汤普森从一开始就认为赫鲁晓夫已经陷入一场越来越危险的游戏。斯大林（Stalin）死后，赫鲁晓夫通过无情地打击政敌，走上了权力巅峰。拉夫伦蒂·贝利亚（Lavrentiy Beria）被判处死刑，当时极受欢迎的政府喉舌《真理报》（*Pravda*）报道称，他的罪名是参与“反党反国家的犯罪活动”。前总理格奥尔基·马伦科夫（Georgy Malenkov）被流放。而这两位在政治斗争中失利的泰斗人物在苏联共产党中央委员会还有众多支持者，他们在一旁虎视眈眈，等待赫鲁晓夫这位总书记暴露出哪怕一丝丝弱点。根据汤普森的说法，赫鲁晓夫要在古巴导弹危机中全身而退，必须有能力向外界传达出一个信息：是我帮助古巴抵御了美国人的侵略，拯救了古巴的社会主义。然后部署核弹头一事就逐渐沦为次要问题。就面子问题而言，更重要的是保护菲德尔·卡斯特罗和古巴政权。

1962年10月27日，在执行委员会讨论最终是否攻击古巴的会议上，肯尼迪总统和汤普森进行了专门的意见交流。总统确信攻击古巴是唯一的选择，并决定就这么办。他斩钉截铁地说：“无论如何，我们都不会通过谈判的方式将那些武器运出古巴。”汤普森的回答出乎所有人的意料：“总统先生，这一点恐怕我不能苟同，我认为还不到时候。眼下最重要的是，我们只要让赫鲁晓夫能吹嘘‘是我拯救了古巴，是我阻止了美国人的入侵’，问题就好解决了。”在当时，还没有人敢如此直接地、公开地质疑总统的意见。与会的执委会成员面面相觑，时任国防部长的罗伯特·S. 麦克纳马拉（Robert S. McNamara）多年后说道：“这需要很大的勇气。”

在汤普森大胆直言之后，肯尼迪总统摒弃了自己早期的执念，顶住来自军方，尤其是来自美国空军参谋长柯蒂斯·爱默生·李梅（Curtis Emerson LeMay）的巨大压力，决定不采取攻击的方式。美苏双方一直在进行幕后谈判，还有一丝希望尚存。10 月 27 日，决定性的时刻来临了。当天在几个小时内，从莫斯科传来两份电文。第一份由赫鲁晓夫签署，听起来明显有和解的语气。其中，苏联要求美国宣布不会进攻古巴，作为交换，苏联会移除部署在古巴的导弹装置。在起草回复电文之前，另一条电文又来了，这条电文显然来自强硬派。它的语气明显更加严厉，并且直接威胁说，如果美国攻击古巴，苏联将会动用所有军事手段进行反击。这条电文没有提到移除导弹装置，执委会感到很震惊，并认真评估形势。

汤普森再次证明了自己的无上价值，他向总统建议，总统应该回应第一条电文，忽视第二条。肯尼迪再次接受汤普森的意见，并公开宣布美国无意攻击古巴，他们正在等待赫鲁晓夫遵守他的声明，撤回导弹。肯尼迪通过媒体发表官方声明，向这位总书记伸出橄榄枝，并盛赞他是一位伟大的政治家。一切尽在意料之中，赫鲁晓夫此时别无选择，只能接受美国的立场并拆除核弹设施。尽管超级大国之间的核冲突问题得到了解决，赫鲁晓夫还是付出了沉重的代价。1964 年 10 月，他在米哈伊尔・苏斯洛夫（Mikhail Suslov）、阿列克谢・柯西金（Alexei Kosygin）和列昂尼德・勃列日涅夫（Leonid Brezhnev）三人领导的政变中被赶下台，勃列日涅夫成为苏共新的中央委员会总书记。据苏联官方媒体报道，赫鲁晓夫下台的原因之一就是他在国际舞台上的外交失利。

接下来再讲一个以质询法应对黑天鹅事件的不同寻常的案例，这个案例发生在古巴导弹危机几年后，所处的环境也完全不同。

相信大多数人都看过 1995 年奥斯卡获奖影片《阿波罗 13 号》，该电影取材于同名登月计划。这部电影以登月计划期间发生的戏剧性事件为基础，由朗・霍华德（Ron Howard）导演，多名才华横溢的演员领衔主演，其中包括汤姆・汉克斯（Tom Hanks）、加里・西尼斯（Gary Sinise）、凯文・贝肯（Kevin Bacon）、凯瑟琳・奎南（Kathleen Quinlan）和艾德・哈里斯（Ed Harris），艾德・哈里斯扮演阿波罗 13 号飞行指挥官和营救行动的总设计师吉恩・克兰兹（Gene Kranz）。

吉恩·克兰兹是一个卓越出众的人物。他从小就对航空领域着迷，后来对征服太空产生了浓厚的兴趣。他在圣路易斯大学学习时，专攻航空学和飞行技术。之后，他去了得克萨斯州的莱克兰空军基地，并在那里受训，成为一名战斗机飞行员。

吉恩·克兰兹在韩国服役时，担任 F-86 战斗机（绰号“佩刀战斗机”）的飞行员，回国后开始为麦克唐纳飞机公司工作。1960 年，他加入美国航空航天局。

美国航空航天局由德怀特·艾森豪威尔总统于 1958 年创立，作为应对苏联在太空竞赛中日益占据主导地位的一系列举措之一。当时，苏联在很多方面都远远领先于美国，不仅在太空竞赛中屡屡斩获第一（他们发射了第一颗人造地球卫星，并第一次载人进入环地球轨道），而且在军备竞赛中，核优势的一个重要体现就是弹道导弹质量的不断提高以及数量的不断增加。在太空竞赛这方面，美国落于下风。创立像美国航空航天局这样的组织，对国家声望和形象很重要，对国防系统也很关键。美国航空航天局的第一项任务是水星计划，其目标是首次实现将美国人送入太空。1961 年，计划取得局部成功。驾驶自由 7 号飞船的艾伦·谢泼德（Alan Shepard）完成了 15 分钟的亚轨道飞行，成为第一个进入太空的美国公民。不到 1 年，约翰·格伦（John Glenn）驾驶友谊 7 号创造了历史，成为第一个完成轨道飞行的美国人。这些成功都是为了实现肯尼迪总统所提出的震撼人心的愿景。1961 年 5 月 25 日，他在国会联席会议上发言道：

“美国应致力于在这个 10 年结束之前，实现人类登上月球并安全返回地球的目标。在这一时期，登月计划是最让人类惊叹的太空项目，是对人类长期探索太空最重要，同时也是最困难、最昂贵的太空项目。”

他的一番话为美国竭力夺取太空竞赛的最高荣耀——人类登上月球——鸣响了发令枪。

美国启动双子座计划，旨在积累知识和经验，以帮助之后具有决定性意义的阿波罗系列任务。尽管双子座计划连续数次飞行都很成功，但是，第一次阿波罗任务却以悲剧告终。1967年1月27日，在一次发射预演测试中，太空舱发生火灾，3名宇航员遇难。接下来的5次阿波罗任务都未载人，任务主要是测试土星5号运载火箭的性能。1968年年底，阿波罗7号发射，人类再次被送上太空，到此时，距离第一次阿波罗任务已经过去了整整两年时间。之后的几次阿波罗任务均成功进入了环月轨道（阿波罗10号与地球的这颗天然卫星非常接近，不到9英里），最后，伟大的时刻终于到来。1969年7月20日，阿波罗11号3名宇航员中有2名——尼尔·阿姆斯特朗（Neil Armstrong）和巴兹·奥德林（Buzz Aldrin）——成功登上月球。肯尼迪总统的大胆构想成为现实。

不料，还不到一年，美国航空航天局就遇到了自成立以来最严重的危机之一。1970年4月11日13时13分正点，阿波罗13号任务开始（数字都是13，你们不觉得有点太巧了吗？）。在肯尼迪航天中心发射中心39号发射台（LC-39）的发射工作进行得很顺利，阿波罗13号的3名宇航员——詹姆斯·A.洛威尔（James A. Lovell）、小弗莱德·海斯（Fred Haise, Jr.）和小约翰·莱昂纳德·斯威格特（John Leonard Swigert，Jr. 昵称“杰克”）——按照计划起飞，这次飞行的任务是美国第 3 次登月。阿波罗 13 号的飞行乘组都经过精挑细选，指令长詹姆斯·A. 洛威尔是一名经验丰富的美国海军战斗机飞行员，毕业于哈佛商学院，也是一名优秀的美国宇航员，执行过 3 次太空飞行任务——双子座 7 号、双子座 12 号和阿波罗 8 号。1969 年，他是阿波罗 11 号替补指令长，所以如果尼尔·阿姆斯特朗由于某种原因不能参加这次任务，洛威尔将会是第一个登上月球的人。

尽管这是小弗莱德·海斯（也是哈佛商学院毕业生）和小约翰·莱昂纳德·斯威格特的首次太空飞行，但他们都是经验丰富的战斗机飞行员。小弗莱德·海斯的任务是驾驶水瓶座登月舱，小约翰·莱昂纳德·斯威格特负责奥德赛指挥舱。

1970 年 4 月 14 日，世界时间 03 时 08 分，此时任务已经开始了 55 小时 54 分，一根损坏的电缆导致一个氧气瓶爆炸，这才有了詹姆斯·洛威尔向地球发出的那条著名的但经常被错误引用的信息：“休斯敦，我们遇上了麻烦。”连续爆炸引发了严重后果，不仅立即断送了他们登上月球的机会，也使得飞行乘组人员在返途中危险重重。接下来的 87 个小时的故事会成为人类历史上最为人所津津乐道的救援任务之一，它一直是实际运用质询决策法的绝佳案例。

当地面人员听到洛威尔那句惊心动魄的话时，任务主管吉恩·克兰兹正坐镇休斯敦地面控制中心。阿波罗 13 号指令长收到关于飞船问题的信息后，立即说明爆炸已经导致飞船 B 总线失去电力，而 B 总线是飞船上两个主要电路之一。过了一会儿，遥测装置恢复，新出现的故障自动生成报告，开始从地球上源源不断地传送过来：3 个燃料电池有 2 个出现故障，一个氧气罐被完全摧毁，另一个气压迅速下降。问题的严重程度难以想象。负责电气、环境与通讯站的西摩・利伯格特（Seymour Liebergot）在一次采访中表示："我看到故障一而再、再而三地发生。故障共发生了 4 次，那艘飞船上本来不可能发生这样的事。"因此，我们可以把这种情况归类为黑天鹅事件。当然，登月任务无法继续，拯救飞行乘组的战斗开始了。

阿波罗 13 号包含 2 个独立舱：一个是指挥舱，连接着发生爆炸的服务舱；另一个是登月舱，被命名为水瓶座。克兰兹的团队分析了各种可能的情况，很快得出结论，他们认为既然指挥舱受损，拯救飞行乘组的唯一方法就是把登月舱当作救生舱。登月舱自身配备了电源以及独立于指挥舱的氧气罐和宇航员生命支持系统，因此，休斯敦地面控制中心命令宇航员进入登月舱，并关闭指挥舱的电源，为返程节省电力，因为指挥舱是阿波罗 13 号唯一适合进入地球大气层的部分。如果指挥舱在接下来的几个小时里完全失去电力，或者发生机械故障，整个飞行乘组将没有生还的机会。

克兰兹的团队面临着另一个重要问题：如何将严重受损的宇宙飞船带回地球。当阿波罗 13 号遇到问题时，它距地球约 20 万英里，距月球约 4.3 万英里。地面控制中心面临的难题是如何规划飞行路线，因为最短的路线，利用火箭迫使宇宙飞船转向不一定是最合适的。首先，这意味着要放弃登月舱；其次，指挥舱引擎有发生故障的风险，因为它就在爆炸点附近。无论是飞行乘组还是地面控制中心都没能掌握有关火箭状况的可靠信息，因此，如果丢弃登月舱后，指挥舱又不能正常运作，那么全体飞行乘组人员肯定无法逃生。第二种选择是继续向月球飞行，这个选择乍看起来似乎非常荒谬。在这种情况下，美国航空航天局计划利用月球引力来启动阿波罗 13 号，并把它转回来，然后送它回家。宇宙飞船必须围绕月球以受控速度飞行，然后在引擎点燃片刻后向地球进发。

这个选择有两个优点，如果指挥舱引擎出现故障，还有其他的应急选择，并且能节省燃料。但它有一个缺点，就是大大延长了整个行动的时间——根据克兰兹团队的估计，采用这个方案将比直接返回地球多花费大约 48 个小时，考虑到登月舱中氧气供应不足的问题，这个选择也将对宇航员的生命构成威胁。此外它还有一个缺点，就是在这样的情况下，相关人员需要制订出一套全新的解决方案，所采取的行动没有绝对的标准，并且事先未经过测试。

克兰兹把地面控制中心所有人员召集到大厅里，发表了那番已经载入史册的讲话，体现出危急关头一位英明领导的真正风采，同时也向我们提供了启动质询过程的极好案例：

“大家注意，我们现在正处于危难之际。飞船上发生了爆炸，具体情况我们还不知道。在环绕月球的漫长返程中，我们的任务是找到办法，把我们的宇航员带回家……成功概率比较低，但我们肯定能做到。”

然后，他指定团队负责人，并详细列出他对所有相关人员的期望。克兰兹明确表示，全体人员的沟通对成功至关重要，团队负责人的指示必须严格执行，如果有人认为不能胜任分配给自己的任务，他应该推荐更合适的人选。克兰兹的结束语非常鼓舞人心：

“大家听着，当你们离开这个房间的时候，你们必须坚信整个飞行乘组能安然回家。我不在乎胜算大小，也不在乎我们以前从未做过这样的事。飞行控制中心永远不会在太空中失去一个美国人。你们必须相信，人民必须相信，整个飞行乘组要回家了。现在开始工作！”

克兰兹的处境极其困难，他必须在两种对立中找到平衡。一方面，当他面临黑天鹅事件时，必须对所有数据进行彻底、详细的分析，然后最大可能地考虑到各种事态的发展情况。另一方面，时间迫在眉睫，因为每过一秒钟，氧气供应就减少一分。

克兰兹陷入这种两难处境，但对以下几点仍有清晰的认识：首先，这是一项非常艰巨的任务，一次人类历史上前所未有的救援行动；其次，任何错误都是致命的，所以他必须利用好每一秒钟核实所有数据，因为这些数据是他决策的依据；再次，如果没有来自美国航空航天局内外的各路专家参与讨论，他将没有机会拯救阿波罗 13 号及其飞行乘组；另外，虽然最终决策权在他，但是营救行动成功与否在于是否能非常准确地界定决策过程中关键人员的责任，并让他们参与决策过程的每个环节。

他也认识到时不待人，资源有限，不容任何出错的余地。

克兰兹承认，营救中最重要的是，要吸纳来自尽可能多的领域、尽可能多的专家参与公开讨论。每一秒钟都必须致力于理解地面控制中心正在努力解决的问题的本质，并且竭尽所能地制订出多种行动方案，然后进行进一步的测试和分析。

在现有时间内，任何方案只要有一点不能落实的可能，团队就应该立即放弃。指定负责人阿诺德·奥尔德里奇（Arnold Aldrich）、约翰·亚伦（John Aaron）和威廉·彼得斯（William Peters）不断地检查各项工作，这样他们所选择的解决方案就不会浪费飞船上的关键资源和整个行动所需的时间。

后来，克兰兹解释说，通过创造一种环境，让每个人都相信自己是集体中的一分子，相信自己有能力拯救飞行乘组人员，有能力为更巨大的利益努力，而不用去担心同事的反应，这样，整个团队就能够向前推进，全力以赴解决危机。

团队以这种方式行事，自由表达他们的意见，也不用担心会伤害到任何人的感情，如此一来，他们就能节省很多时间。每个人都成为解决方案的一部分。

克兰兹立即决定深化质询决策方法，并邀请美国航空航天局分包商的工程师加入讨论。阿波罗计划有500多家公司参与，这些公司负责设计和制造飞船的各种部件。最重要的分包商包括麻省理工学院的德雷珀实验室、格鲁曼航空航天公司和北美罗克韦尔公司，这些公司的专家被克兰兹从床上拉起来，并立即投入克兰兹团队的工作中。他们必须处理一系列他们以前从未遇到过的问题。

阿波罗13号引擎出现问题，需要关闭宇宙飞船的所有系统，直到准备重返大气层时再启动。这样他们就能节省电力，用于以后的操作。导航系统消耗了飞船大部分电力，它对于任务期间的飞船操作管理必不可少，但在飞船降落时，应该首先关闭。

然而，负责建造该系统的德雷珀实验室的工程师很担心，因为没有人尝试过在飞行期间关闭电源然后重启设备。形势进一步恶化，在关键人员之间展开了一场极具建设性的讨论。他们立足于相关事实和具体数据，互相辩诘，最后得出结论：不关闭导航系统电源意味着在飞行乘组人员回家之前，电力系统就会停止工作。然而，如果关闭了导航系统，并不能保证它能成功重启，而且没有导航系统，阿波罗13号就不可能返回地球。经过长时间的分析和测试，大家提出一个出人意料的解决方案：导航系统继续运行，但关闭宇航员所在舱的加热和照明系统，这意味着阿波罗13号太空舱内的温度会急剧下降。这个想法一旦实施，飞行乘组就得在黑暗和严寒中继续飞行，这对他们的身体和心理耐力都是巨大的考验。

另一只黑天鹅是飞船上的二氧化碳过滤器，这个问题也以质询决策模式处理。飞行任务中二氧化碳浓度增加是比较正常的现象，指挥舱上配备了两个独特的方形空气过滤器，就像两个大盒子，用于净化空气。这个意想不到的问题是，飞行乘组所在的登月舱使用的空气过滤器接口是圆柱形的。登月舱正常的空气供应要求比指挥舱低很多（只能供应 2 个人 2 天，无法维持 3 个人 4 天），所以没有备用过滤器。大家很快得出结论，如果不更换过滤器，飞行乘组人员会慢慢窒息而死。有句古老的格言说，方枘圆凿不得其所。因此他们只能反其道而行，尝试把现成的方形过滤器装进登月舱中的圆形接口，而本来登月舱只能采用圆形接口过滤器。

困难不止于此，宇航员只能使用阿波罗 13 号上现有材料，而且还必须保证这些材料对其他重要任务来说是不必要的。经过一整夜的辛苦工作和无休止的头脑风暴，约翰逊航天中心的埃德·斯麦利（Ed Smylie）团队发现他们可以利用飞行员手册的硬纸板封面、一些塑料袋、一根从备用宇航服挪用过来的管子和大量管线防水胶带等材料达到目的。将这个想法传达给阿波罗 13 号本身并非易事，而且飞行乘组人员需要运用大量的空间想象力去落实这个想法。所幸这一解决方案果然奏效，两小时后，登月舱中的二氧化碳浓度开始回落到安全水平。

然而，这些行动并没有解决因为飞行时间增加而带来的电力供应和氧气耗尽的根本难题。因此，地面控制中心决定打开登月舱引擎，以提高阿波罗 13 号的速度，将返程时间减少约 10 个小时。这个决定也是有代价的。一艘时速超过 2.5 万英里的飞船重返地球大气层几乎需要外科手术般精细的操作，即使是最微小的错误都会带来灾难性的后果。如果飞船重新进入大气层时角度过小，太空舱将会从大气层外层弹开。如果角度过大的话，又会导致飞船突然减速和太空舱燃烧。安全区间只有 2 度，考虑到飞船极快的速度和指挥舱破坏程度未明，进入大气层将是一个非常困难的挑战。

在重新通电再次开始进入大气层的操作之前，整个过程被分析了几个小时，并在地球上进行反复模拟，阿波罗 13 号的后备乘组在这一过程中发挥了重要作用。最终，检查清单包含了 400 多个步骤，长达 39 页。

将清单传达到指挥舱的任务落到了通信官员约瑟夫・克尔温（Joseph Kerwin）身上，他全程受到包括阿诺德・奥尔德里奇在内的整个团队的监督。光口述清单就花了两个多小时，杰克・斯威格特记下这些内容，用光了一整本飞船手册都不够。

1970 年 4 月 17 日，飞行乘组设法恢复了指挥舱的电源，3 名宇航员离开了水瓶座登月舱，准备降落。下午 1 点 40 分，也就是阿波罗 13 号发射后的第 138 小时，飞行乘组将发生爆炸的服务舱与指挥舱剥离。服务舱的照片发送到地面指挥中心，图中显示服务舱已遭到巨大损坏，这引起了人们对指挥舱本身状态的担忧。如果指挥舱外表面在爆炸中受到任何轻微损坏，宇航员将永远无法重返大气层。3 个半小时后，到了向登月舱告别的时候。登月舱从飞船分离，阿波罗 13 号开始了最后决定性的操作。

地面控制中心感到压力最大的时候是在断电期间，在这段时间内，飞船穿过上层大气，通信处于静默状态。在这几分钟里，宇航员和地面控制中心之间没有联系，也无法传输飞船仪器的数据。在这种情况下，断电持续了 3 分钟。吉恩·克兰兹对那段时间地面控制中心的情况描述得最清楚：

“现在一切都不可逆转。……控制室一片死寂。……所有的眼睛都盯着时钟开始倒计时，直到断电时间结束。断电这一刻似乎成了永恒。……我平静地低声呼叫制动火箭工程师戴特瑞（Deiterich）：‘戴特瑞，一切正常吧？’他低声回答道：‘没问题，还在飞行。’我们等待着，全世界都在等待。到了深夜 1 时 28 分，已经过了预定信号收集时间，低空飞机报告时的清脆噼啪声突然打破了这一紧张局面：‘已经收集到信号。’我激动地敲打着控制台边缘，整个房间一阵骚动。……凯文（Kerwin）又打来电话，几秒钟后我们听到他说：‘没问题，克兰兹。’寥寥几个字，让我感到前所未有的放松。在控制室里，每个工作人员都掩饰不住自己的狂喜。……我站在控制台前流下了眼泪。”

吉恩·克兰兹因表现突出，荣获总统自由勋章。在随后的几个月里，他和营救任务中的其他英雄成为家喻户晓的名人，阿波罗 13 号的经历为世人所传颂。吉恩·克兰兹团队的工作方法被认为是质询决策模式在实践中的典型应用。参与行动的所有人员全力以赴的精神，以及他们坚信行动必定成功的不可动摇的信念也被视为危机形势下最佳实践的典范。

吉恩·克兰兹在 1994 年退休前，一直为美国航空航天局工作。同年，他参加了纪录片《阿波罗 13 号：安全返航》的录制。当他开始描述这次任务的最后几分钟时，忍不住流下眼泪，尽管这一戏剧性事件已经过去 25 年了。这一情景没有被剪辑掉，出现在了电影的最后。

规则 6

如果我们发现自己面临黑天鹅处境，请进入质询决策模式。因为这时，因为这时无论我们的直觉或经验告诉自己什么，都可能是错的。

这是最重要但最难贯彻的规则之一。首先，这一规则要求你认识到自己正处于黑大鹅境地。考虑到我们有对问题进行分类的习惯，而且总是会自动地与过去的情况进行比较，所以我们很容易告诉自己：“啊，这不是什么新鲜事，我知道该怎么做。”其次，黑天鹅事件经常出现时，需要快速果断地行动，以解决问题。这里有一个问题，就像欧洲航空安全组织一样，我们总是倾向于我们的初始评估结果，然后，开始筛选数据，以确认初始评估的正确性，而不是启动质询模式，我喜欢称之为“决策自恋”。当我们根据自己的知识和经验做出决策时，我们会更加积极地看待能证实我们直觉的信息。这些信息好像在向我们高喊：“你是对的！”如果数据显示我们的初始评估是错误的，我们会感到不快。有人给出确凿的证据，证明我们的直觉无论是在生活中还是在商场上，都是有缺陷的。研究表明，在极端情况下，决策者对那些提供与自己初始假设相悖的信息的人持排斥的态度，这种态度通常与实际决策行为完全无关。“约翰逊给我带来了一份分析报告，报告显示我拒绝这个报价的决定是错误的。我一直认为约翰逊非常平庸，他绝对不是什么人才。我听说他也有家庭问题，不久前还把车撞了，我认为他的报告就是垃圾。”

这些话听起来熟悉吗？即使我们自己能避免此类陷阱，但是外面有人对待你就像对待可怜的老约翰逊一样吗？

绝大多数时间，我们都工作在一个质询模式并非常态的环境中，因为质询模式涉及持续的精神冲突以及与之相关的压力。更糟糕的是，质询模式需要很多时间，现在谁有那么多时间呢？

在一个高度墨守成规、只争朝夕的商业世界里，时间的缺乏是应用质询模式的最大敌人，这进一步解释了为什么黑天鹅事件一旦发生，威力会如此之大。

规则 7

成立一个执行委员会，争取让委员会成员都是与我们自己想法不同的人。珍惜那些与我们意见不一致并大胆直言的人。

在决策过程中，拥有一个你自己的执行委员会，委员会中有一群你可以信任的人，这一点非常重要。但是，要落实到实践中并不容易，尤其是因为群体趋同的倾向和克隆陷阱的存在，导致我们总是倾向于雇用与我们世界观相同的人。这是一个恶性循环：群体越一致，对那些有不同想法的人就越排斥，尽管这些人是群体中最稀缺的，也是最有价值的资源。那些公开质疑群体观点的人通常不受欢迎，在极端情况下，他们可能会被大家忽视甚至排斥。这又是一个悖论。

因此，如果你发现自己周围有能干、专业、有经验的人才，但他们很难交流，请不要排斥他们。在你做决策时，你可能最需要仰仗他们。如果你们一起面对一个问题，从不同但互补的角度来看待它，你才有机会进入质询模式，全面分析问题并做出正确的选择。

我经常提及，在我还是《哈佛商业评论》（波兰版）ICAN研究所的首席执行官时，每当需要做出商业决策时，一个最亲密的战友总是和我唱反调。不仅如此，他还经常把我逼疯。有时我认为问题已经解决，他还继续纠缠。然而，尽管有这些毛病（或者可能正因为这些毛病），他还是非常有价值的。好几次在我和周围所有人都没有注意到的情况下，他都能及时提醒我，让我免于犯下严重的错误。

坦率地说，我不喜欢这个家伙，但在做出商业决策时，他绝对是无价之宝。

讨论和分析的质量与团队成员感受到的心理安全程度密切相关。一个具有心理安全感的团队会创造出一种良好的环境，在这个环境里，团队成员不会害怕冒险，也不会害怕公开表达自己的观点。心理安全感程度越高，团队成员就越不用担心因表达不同意见而遭到排斥或遭受其他后果，讨论就越有活力，参与讨论的人就越多。当然，心理安全感不会自己产生，它要成为一个群体的特征，其成员需要足够的时间去建立健康的人际关系，并学会相互信任。重要的是，团队要有共同的目标。如果一个团队确实都朝着同一个方向努力，并且每个人想要的东西一样，那么自由辩论的氛围自然会随之而来。然而，我们也要留意权威陷阱的危害，因为它也会影响群体的心理安全感。团队成员的地位和级别越统一，越有利于进行公开讨论。具体到工作中，要想达成所愿，我们不仅需要投入时间和精力改善内部沟通，而且还要适当提拔那些内向但可能与官方路线不一致的人。但是，如果你的团队中有明星成员，就把他们排除在初期会议之外，就像当时肯尼迪决定不参加初期会议一样。

我合作过的一些公司也会在某个阶段决然地采取类似手段。它们意识到黑天鹅事件不可避免，再精明能干的决策者对此也无能为力，所以只能未雨绸缪。在出现黑天鹅事件的情况下，唯一能做的就是快速反应，迅速理解问题并灵活应对新的游戏规则，这对企业能否生存下来至关重要。一个组织要是比竞争对手反应更快，那么它就不仅不会被黑天鹅事件挫败，甚至还能有所收获。此外，当一个组织面对真正意想不到的情势时，通常会阵脚大乱。在关键人物重整旗鼓并启动相应机制之前，已经浪费了太多时间。因此，越来越多的组织开始成立快速反应小组，有些甚至直接称之为黑天鹅反应小组。小组人员的构成来自多个部门，技能不一而且经验丰富，其任务是缩短应对危机的反应时间。这些小组经常碰面，并针对各种类型的黑天鹅事件进行演习。他们从全球、行业、组织、团队和个人等层面分析如何应对各种事件，同时挖掘本公司弱点，并立即采取行动补救。他们还要求其他人讨论新的解决方案，并推广质询决策模式。

快速反应小组的武器库中有四大武器。

第一个是建设性的偏执狂。这个用词有点出人意料，它的意思是，我们不要从最可能发生的情况的角度而要从最不可能发生的情况的角度来看待现实。这种态度要求我们假设，如果某件事可能出错，那么它就很可能会出错（也称为墨菲定律）。

采用这种方法使我们能够在危机反应测试中，测试组织的各种系统，从而发现应急计划中不易发现的缺陷。银行业在2010—2011 年接受的压力测试就是一个典型案例。黑天鹅事件演习的一个连带后果是，它会把人们带离舒适区，远离一片岁月静好下油然而生的平衡感和自我满足感。这次演习的形式很有趣，是军队常采用的一种技术，即“在经验中积累经验”。这是我 2017 年从西北大学凯洛格商学院领导力发展系副主任，同时也是一名将军的伯纳德·B. 班克斯（Bernard B. Banks）那里学到的。军队的每一次军事演习都是一次很好的机会，通过在给定的行动中引入计划外的，但受控且安全的变化来测试个人、团队或组织的效力。就企业经营而言，一个可能出现的情况是生产线员工的突然短缺，那么，我们演习的目的就需要在这种人为制造的情况下测试众多可能的解决方案。类似活动不仅教会我们为意外事件做好准备，还能激发员工在应对黑天鹅事件引起的困难时发挥自己的创造力。

第二个武器是流程评估，但我们并没有从正统的角度去解释这个词。流程评估在商业活动中并不新鲜，几乎每个组织都会定期进行流程评估。它们用于发现计划参数和现实世界之间的差距。因此，在流程评估中，我们可以寻找错误并消除错误。然而，一个团队在面对黑天鹅事件时，应该从另一个角度定期审视这些评估结果：寻找那些行之有效但公司从未应用过的流程去解决黑天鹅事件。每个人都认为以前的流程优势明显，不会失败，认为“它总是完美有效，所以它会继续完美有效”（火鸡综合征）。问题是，面对黑天鹅事件，区分优势流程和弱势流程并无意义，因为黑天鹅事件就是这样反复无常。

最令人痛苦的打击是，某个标志性的强项突然无效。一个极端的例子是《大英百科全书》的故事，严谨的考据和准确性是其最大的卖点。虽然维基百科的出现并没有削弱这一卖点，但确实让它变得无关紧要。

规则 8

当我们想让一个组织变得更好时，要留意那些最好和最有效的流程。在发生黑天鹅事件的情况下，这些流程可能毫无用武之地。这时，我们有后备计划吗？

快速反应小组还需要锻炼下马“协和式飞机”的决心，这就是武器库的第三个武器。因为考虑到沉没成本和决策惯性，每个组织都囤积了一些毫无进展的项目。因此，当你启动一个项目时，必须确立项目从一个阶段进入下一阶段必须达到的关键绩效指标。在这里确立一些可衡量的、客观的指标是绝对有必要的，因为这意味着在以后的阶段，你可以集中精力讨论相关的事实问题，最大限度地减少项目参与者的情感投入，从而避免情感冲突。反应小组的任务之一是，定期审查公司现有的项目组合，剔除那些不符合项目既定标准且没有成功机会的项目。

第四个武器是寻找“猴子的习性”，也就是寻找那些曾经被证明行之有效，但现在已经过时，且降低了组织的灵活性和效率的态度和行为。这是四种武器中运用难度最大的一种，因为它要求你与你的组织保持距离，并尽可能以批判性和客观的眼光，从崭新的视角看待组织。你在一家公司工作的时间越长，就越难以采取这样的态度。因此，有必要邀请一些入职不久的人员参与演习，因为他们仍然能看到公司存在的但其他人已经习以为常的低效率现象。快速反应小组应该主动地吸纳此类人员，因为刚进公司的人一般不会立马发表批评意见。大多数新员工在入职的头几周或几个月都会采取谨慎观察的态度：“我想看看整个公司是怎么运作的，现在有什么疑虑先暂时放在心里，怕说出来会成为笑柄。等我了解公司情况之后，我会指出问题的。”不幸的是，到那时已经太晚了。因为新人已经像那些猴子一样，认识到爬上梯子并没有好处。

规则 9

下马“协和式飞机”，寻找“猴子的习性”。

下马亏损项目和放弃无效做法，可以为公司节省时间以用于其他项目，增加公司的腾挪空间。

以我为其董事会提供咨询服务多年的一家欧洲金融业公司为例，足以说明这种多年来形成的习惯是多么根深蒂固。这个看似非常现代、经营有善的公司拥有一个“极具潜力”的团队，这个团队包括 45 名中层经理，公司认为他们出类拔萃，极具潜质，很快就能挑起公司大梁。2011 年，董事会计划将该小组纳入运营改进流程，并安排了为期一天的研讨会，我有幸能促成这场研讨会。研讨会的目的很简单：将这些经理分成几个小组，他们必须分析公司在多个领域的运作情况，并尽自己所能地去发现公司因积习而累积下的轻微的低效率问题。他们需要去寻找使用低成本，无须很多人参与就能快速消除的问题。一天结束时，每个小组都提交了他们的“猴子”名单（这个会议被称为“猴子狩猎”，对于这个比喻，我向所有读到本书的生态学家致以诚挚的歉意）。我们最终确定了总共 82 个可以轻易消除的低效率问题！其中一个问题特别引人注目，并且值得研究。每个月的 28 日，在公司数十个分支机构中，都有一名指定员工从信息技术系统内打印出一份长达几页的报告，然后通过优先邮件发送到总部。尤其令人惊讶的是，该公司本身就有一套信息技术集成系统，这意味着只需要点击几下鼠标，就可以在总部合并所有数据。经过进一步分析，追根溯源，找到了问题的起因：这是首席执行官在1995年实施的一个程序。在当时，这是一个合适的解决方案。多年来，准备和发送报告的责任慢慢被下放到级别越来越低的员工身上，因此到2011年，这个责任已经落到了普通员工身上。他们只是根据程序，记住必须在28日提交报告。

而总部的一名低级别员工收到报告后，会将它们放在一个文件夹内，然后放在架子上，只是因为这是一贯的做法。15年来，没有人问过他们为什么要打印和发送这些报告。这个案例有点奇怪，但很真实，这说明在一个组织中，“猴子的习性”有多顽强。

快速反应小组可以采取相应行动，尽量减轻黑天鹅事件的威力。快速反应小组会从出人意料的角度，持之以恒地测试一个组织及其组成部分是否存在问题。它们能优化组织的工作流程、结构、资源和工作方式，也能释放员工的时间和精力。它们所产生的效果是一种决策性改善法，从最小的收益开始，积少成多，从而增加公司的腾挪空间，更好地为意外情况做准备。

第五章

萨拉米香肠不只是食物，也是决策法

改善法是持续改进组织管理最重要和最有效的技术之一，也是全面质量管理（TQM）的基本原则之一。改善法虽然起源于制造业，现今也仍然主要运用于制造业，但它有着更广泛的应用领域，可以成为改进决策流程的极佳方法。改善法也是一种塑造组织文化的有趣工具，它要求组织中的所有员工都积极参与，能创造一个大家积极为组织发展献计献策的工作环境。

简而言之，改善法意味着要对任务及与之相关的过程进行批判性评估，识别出不正确或偏离标准的事情，然后引入变革，提高效率和质量。这是一个连续的过程，所以一旦我们引入了改进措施，我们就再次回到研究和分析的流程，以寻求进一步改进。我们通常使用威廉·爱德华·戴明（William Edwards Deming）设计的 PDSA 循环法（计划—执行—学习—处理）来描述这一过程。当然，整个循环的关键点是分析（即学习），正是这一阶段使发现错误成为可能。然而，随着越来越多的企业开始采用PDSA循环法，我们很快就发现，在医学界普遍存在的一个问题——关注疾病的症状而不是根本病因——在企业界变得同样普遍，因此，这种方法不可能有效地、长期性地解决问题。改善法的关键要素之一是对问题来源进行分析，或称之为根本原因分析法（RCA）。如果你的目标是想从对实际决策过程起作用的事件中得出有深度的结论，那么根本原因分析法就是一种理想的方法。理解一个错误决策的根本原因，才能纠正错误，同时避免在将来重蹈覆辙。可以说，运用根本原因分析法，我们不仅可以治标，还可以治本。

医学领域还有一种现象：很容易专注于症状而不采取适当的行动。多年来，人们认为胃溃疡的诱因是胃酸过多，是因为吃了太多辛辣的食物或压力过大所致。因此，治疗溃疡的办法就是给患者服用降低胃酸的药物，并嘱咐他们要身心放松。从制药公司的角度来看，以抗酸药治溃疡当然是求之不得的事，要知道，抗酸药在20世纪90年代后半期创造了一个价值超过80亿美元的市场。

但从病人的角度来看，情况并不乐观，因为推荐给他们的这种治疗方法并不是十分有效，而且最后常常还是需要动手术。但是没有人质疑这种治疗方法，也没有人寻找这一问题的其他原因。因为在当时，人们普遍认为细菌不可能在像人类胃部这样的强酸性环境中生存，所以细菌不可能是导致胃溃疡的原因。

一直到2000年开始之际才有了突破性发现，但是它的起源可以追溯到大约 20 年前的澳大利亚。1981 年，珀斯医院胃肠科病房的两位医生，30 岁的巴里·詹姆斯·马歇尔（Bary James Marshall）和 44 岁的约翰·罗宾·沃伦（John Robin Warren），在 20 名溃疡患者的胃中发现了意想不到的东西：一种类似弯曲杆菌的细菌。科学家们感到很惊讶，他们花了几个月的时间将它从胃壁上分离出来，然后将其放在实验室条件下培养，并接受进一步测试，但没有取得成效。然后他们遇到了一起事故，反而因祸得福：在一次活检之后，试管在培养器里放置了 3 天，超出了规定时间，不料这个错误被证明正是缺失的那一环，因为额外的时间给了细菌生长的时间。由于他们的疏忽，澳大利亚科学家发现了幽门螺杆菌，并于 1983 年提出这种细菌可能是胃溃疡和十二指肠溃疡的主要原因。马歇尔甚至采用一种稍微过激的方式证明这一点，他故意让自己感染这种细菌，并观察自己消化道炎症的发展情况。这几位研究人员不仅面临着来自同行的巨大阻力，而且受到制药公司的抵制，当然这点毫不奇怪。2005 年，他们被授予诺贝尔生理学或医学奖，他们的坚韧和奉献终于得到了世人认可。因此，今天我们才得以利用抗生素治疗溃疡，以消灭引起溃疡的细菌。

我们专注于研究表征现象以及不愿意寻找根本原因的天性是由以下几个因素造成的。首先，在商业环境中，我们的行动经常受到时间的掣肘，而根本原因分析法非常耗时，因为它需要对一个问题的诸多方面进行全面测试，并且经常涉及许多人员的参与。其次，我们不喜欢分析失败，因为这要求我们直面那些我们不愿记起的事情，由此导致人们陷入“否认陷阱”——我们通常倾向摆脱那些不愉快的记忆，而去关注更积极的事情。再次，我们天生喜欢责备他人，而不是去面对过程中的错误，所以我们常常试图找出应该对某个错误负责的个人。这意味着，纵然失败的根本原因是某人的错误决策，我们也往往不去深究导致错误决策的原因。我们更注重惩罚，解决问题通常以找个替罪羊了事，而不是总结教训和吸取教训，从而以绝后患。以上 3 个因素导致我们未能利用这个最重要的问题处理工具之一——根本原因分析法，去改进决策过程。根本原因分析法有助于我们从自己及他人所犯的错误中总结出深刻的结论。

根本原因分析法是一个非常简单的问题处理方法。对问题的分析由一组被称为“5 个为什么（5 Why）”的规则来控制，这一系列的问题旨在透过问题表征找到问题的根本原因。第 1 个“为什么”是质疑错误发生的原因，第 2 个“为什么”是分析这个直接原因的根本原因。然后，第 3 个“为什么”是追寻直接原因的根本原因背后的原因，如此继续下去（“5 个为什么”规则以“5”为限，其实没有必要。只要找到根本原因，我们可以在第 4 个“为什么”就停止分析，如果没有找到根本原因，甚至可以持续分析到第 24 个“为什么”）。

这种方法创建了一种逻辑树，其分支在因果链中环环相扣。因此，通过根本原因分析法，甚至可能发现问题背后存在几十个根本原因，从而有效地防止问题再次发生。

全面应用根本原因分析法可以揭示事件之间的因果链，

根据这些信息，你可以避免错误的结论（尽管通常看起来很明显），进而避免将来再次做出错误的决策。套用马克·吐温（Mark Twain）的话来说，一只曾经坐在热炉罩上的猫不仅不会再坐在热炉罩上，也不会再坐在冷炉罩上。根本原因分析法使我们能够识别这种具有误导性的外表，简化了因果关系，从而避免它再次带来麻烦。

当一个事件起因于我在上文中所描述的错综复杂的原因及各种心理陷阱的时候，研究根本原因分析法如何在特定事件的背景下发挥作用非常有价值。让我们来看看 1996 年发生在珠穆朗玛峰两支商业探险队身上的那场令人痛心不已的悲剧。

人们对攀登运动的评价一直都比较两极化，有人怀着对勇者毅然攀向世界巅峰的无畏精神的崇拜，有人对这些冒险者不屑一顾，认为他们在冒没有必要的风险。高峰上的每一次死亡事件都伴随着一些刺耳的评论，批评者通常觉得登山者或多或少都有些疯狂。在批评者眼里，登山者冒着生命危险只是为了刺激和荣誉。

不管你对登山者的看法如何，1996 年发生在珠穆朗玛峰上的事件都震撼了喜马拉雅山攀登界，并为许多书籍和电影带来了灵感。罗布·霍尔和斯科特·费舍尔两支商业探险队在珠穆朗玛峰上的不幸有一个共同点：在整个任务计划和执行的过程中做出了错误的决策。

登山队员没有一人死于不可抗力，比如突然发生雪崩、跌入冰隙或登山修路绳突然断裂等。某些心理陷阱导致了错误的选择并带来最可怕的后果，最终，这些错误的选择决定了所有受害者的命运。

20 世纪上半叶，尼泊尔政府对登山者并不友好，因此，所有队伍都从中国西藏一侧的北坡进发。从尼泊尔这边出发，也就是今天所知的经典路线，技术含量要低得多，所以我们可以说，如果早期勇敢的登山者能够从南坡登山，他们成功的概率会大得多。征服珠穆朗玛峰的头两次重大尝试发生在 1921 年和 1922 年，其中第二次尝试有史以来第一次打破了 2.6 万英尺（1 英尺约合 0.3 米）的登山纪录。查尔斯·格兰维尔·布鲁斯（Charles Granville Bruce）率领的团队最后没能登上顶峰，但他们的成就还是获得了欧洲新闻媒体的高度赞扬。

在这两次探险中，乔治·赫伯特·雷·马洛里（George Herbert Leigh Mallory）都参加了。他生于 1886 年，是一名英国历史教师，在我看来，他是珠穆朗玛峰登山史上最伟大的英雄。

马洛里是一位经验丰富的旅行家和登山家，曾于 1911 年登上勃朗峰。因此，对他来说，染指这座世界最高峰是一件水到渠成的事。他加入了 1921 年的那支探险队，最后止步于位于海拔 2.3 万英尺以上的北山脊，结束了他与珠穆朗玛峰的首次相遇。他第二年的成绩更好，在北山脊到达了当时创纪录的 2.7 万英尺高的地方。虽然两次尝试都以团队在到达顶峰前折返而告终，但是马洛里分析了前 2 次攀登积累的经验后，决定在 1924 年进行第 3 次尝试。这次他与安德鲁·欧文（Andrew Irvine，昵称桑迪）同行，后者 22 岁，是牛津大学登山俱乐部的成员。根据诺埃尔·奥德尔（Noel Odell）的记录，当时他在大本营观察他们的行动，刚开始，这两位登山者在登山进程中一切顺利，在接近北山脊海拔近 2.8 万英尺处所谓的第一台阶时，两人消失在了云海中。令人伤心的是，在此之后，无人再知晓这两位登山者的去向。马洛里和欧文都没有回到大本营，多年来，没有人知道他们是在去顶峰的路上还是在回来的路上死去的。1999 年，马洛里的尸体最终被埃里克·西蒙森（Eric Simonson）率领的美国探险队发现，两人的氧气罐散落在 2.8 万英尺的高度，就在马洛里冰冻遗骸的上方一点，靠近第二台阶。欧文的尸体仍未找到，也没有找到欧文的照相机，里面的照片本来可以提供他们登上顶峰的证据。因此，大多数专家认为马洛里没有征服珠穆朗玛峰，但有人指出，在马洛里的冰冻遗骸上发现的钱包虽然完整无缺，但他原本打算放在顶峰上的妻子露丝的照片却找不到了。

在 1950 年和 1951 年，两支英国探险队开始探索从尼泊尔，也就是从珠峰南坡攀登的可能性。一年后，一支由医生兼登山家爱德华·怀斯－杜楠特（Edouard Wyss-Dunant）率领的瑞士探险队来到喜马拉雅山。这支队伍准备充分，队员包括丹增·诺尔盖（Tenzing Norgay）的夏尔巴人纳姆加尔·王迪（Namgyal Wangdi）。诺尔盖和经验丰富的瑞士登山家爱雷蒙德·兰伯特（Raymond Lambert）创造了 2.8 万英尺高度的登山纪录，但他们都没能到达顶峰。

接下来的一年是珠穆朗玛峰登山史上的一个重大突破。1953 年 3 月，由约翰·亨特（John Hunt）上校率领的一支英国探险队开始在尼泊尔开展活动，这支探险队装备精良，由 400 多人组成，大多是脚夫。探险队在山上接连建立营地，最后在 5 月 26 日，他们开始了攀登珠峰的第一次尝试。亨特探险队选择了两名英国登山者汤姆·博迪伦（Tom Bourdillon）和查尔斯·埃文斯（Charles Evans）向顶峰进发。在许多人看来，亨特的决定并不是最好的选择，因为他们两人并不是团队中最强或准备最充分的队员。然而，亨特认为英国人应该拔得头筹，所以就派汤姆·博迪伦和查尔斯·埃文斯先上去。他们两人差点就成功了，但是，在距顶峰 300 英尺的地方，因为埃文斯的呼吸器出现故障而被迫折返。1953 年 5 月 28 日又进行了一次尝试，由公认的最强大的组合——28 岁的新西兰人埃德蒙·希拉里（Edmund Hillary）和 38 岁的丹增·诺尔盖两人——进行这次攀登，后者在 1952 年瑞士探险队失败后再次攀登珠穆朗玛峰。1953 年 5 月 29 日 11 时 30 分，这两个人站到了地球最高峰——珠穆朗玛峰的顶峰上，15 分钟后，他们开始下山。两人安全返回营地，立即成为英雄。探险队领队约翰·亨特也享受到了属于他的那份荣耀，即新加冕的伊丽莎白二世授予他的勋爵爵位。

在随后的那些年里，珠穆朗玛峰被一次又一次地征服。1978 年，传奇人物莱因霍尔德·梅斯纳尔（Reinhold Messner）成为世界上第一个在不使用氧气设备的情况下到达珠穆朗玛峰顶峰的人，两年后他完成了世界首次单人登顶。同年冬天，两名波兰登山者莱斯泽克·西奇（Leszek Cichy）和克日什托夫·维里斯基（Krzysztof Wielicki）再次征服了珠穆朗玛峰。

1985 年，一个与登山运动没有多大联系的潮流，开始以不可抵挡之势袭来。美国顶级登山家大卫·布莱沙带领得克萨斯州石油大亨理查德·巴斯登上了珠穆朗玛峰。其中，巴斯负责探险队的大部分费用，作为回报，他获得随探险队同行的资格。虽然巴斯没有在如此极端的海拔高度上前行的经验，但他在心理方面和身体方面都为探险做了充分的准备，并和布莱沙一起登上了顶峰。这一事件被广泛报道，在商业人士和登山者心里激起波澜，后者更是看到了无限商机。这就是珠穆朗玛峰商业探险后来变成了一门新兴的赚钱生意，吸引了越来越多的人参与进来的原因。在接下来的几年内，很多探险队里经常会有一两个追求刺激的有钱人。

20 世纪 90 年代初，两个新西兰人，罗布·霍尔和加里·鲍尔（Gary Ball），决定再往前推进一步：成立一家公司，组织商业探险队攀登世界高峰。他们给公司取名为探险顾问公司。两人认为这项事业大有可为，在 1992 年，他们针对商业客户的第一次探险任务是登上珠穆朗玛峰。这次任务毫无疑问取得了成功：仅在一天之内，就有 6 个人站到顶峰之上，其中不包括向导。接下来的一年，又有 7 名客户跟随探险队的脚步，成功地登上了阿空加瓜山和南极的文森山。这些成功给探险顾问公司带来了很高的知名度。1993 年，加里·鲍尔在道拉吉里峰群遇难，但这并没有影响该公司的声誉。罗布·霍尔逐渐成为商业探险界的传奇人物。在鲍尔去世后的 3 年内，霍尔自豪地声称已经带领 39 位客户登上了珠穆朗玛峰。没有其他公司或向导能取得他这么好的成绩。

霍尔因特别注重细节和精确规划，以及对安全的执着而受到客户的高度评价，他这种对安全的执着来自他面对高峰时那份真诚和谦逊。霍尔是一个很强势的领导者，他要求他的团队执行苛刻的行为准则。以上种种因素结合在一起，客户自然对探险顾问公司运营的探险队非常青睐，这家公司的收费也比竞争对手要多。在1996年组织的探险队中，霍尔招募了8名客户，其中包括乔恩·科莱考尔（Jon Krakauer），他是一位非常有天赋的攀岩者和《户外》（*Outside*）杂志的撰稿人。因此，乔恩·科莱考尔具有双重角色。他不仅是一名登山者，他为这次经历撰写的文章还能起到公关宣传作用，公司来年有可能因此吸引更多的客户。

与此同时，由疯狂登山公司老板、美国人斯科特·费舍尔率领的登山队也到达了大本营。费舍尔比霍尔年长6岁，但内心却年轻得多。他的组织方法比较散漫，没有在登山规则或程序上做出明确规定。这种管理方法在其早期登山探险中没出什么纰漏，凭借这种方法，费舍尔成为第一个登上洛子峰（高2.8万英尺）的美国人，并征服了珠穆朗玛峰和乔戈里峰（高2.8万英尺），后者被公认为是最难攀登的2.6万英尺级山峰。在攀登珠穆朗玛峰和乔戈里峰的过程中，费舍尔都没有借助氧气设备。像霍尔一样，他也招募了8个人加入他的探险队，其中包括他的媒体代表桑迪·希尔·皮特曼（Sandy Hill Pittman）。皮特曼是一位来自纽约的社会名流，她靠着写博客记录自己攀登七大高峰（各大洲的最高峰）的经历，在社交界闯出一片天地。要完成这一壮举，除了需要登山装备，还需要大量的相关知识。珠穆朗玛峰是她名单上的最后一个。

在这两个团队中，职业向导发挥着重要作用，他们受雇帮助业余登山爱好者完成整个攀登过程。霍尔的团队包括安迪·哈里斯和迈克·格鲁姆，而费舍尔的团队有优秀的哈萨克登山家阿纳托利·波克里夫（Anatoli Boukreev，他反对在登山时使用氧气设备）和尼尔·贝德曼（Neal Beidleman）。这两支探险队中还有几个夏尔巴人，一部分由高山协作昂多杰领队，他和霍尔同行。另一位高山协作洛桑·詹布（Lopsang Jan 千兆 u）陪同费舍尔。夏尔巴人不仅需要运送重型设备和食物到高处的营地，而且负责在特别凶险的地方安装修路绳，以确保攀登者的安全。整个 4 月，夏尔巴人都在为营地做准备，两家公司的客户都在营地适应高海拔地区对身体的特殊要求。洛桑背负皮特曼的重型电子设备，皮特曼需要这些设备在美国全国广播公司官网直播整个探险过程。

值得一提的是，1996 年 5 月，霍尔和费舍尔的探险队并不是珠穆朗玛峰上仅有的两支探险队。当时还有准备不够充分、由高铭和领导的中国台湾珠峰远征队；由有争议的伊恩·伍德尔领导的南非登山队，托德·伯利森（Todd Burleson）的商业探险登山队，以及一支 IMAX 纪录片摄制登山队。大卫·布莱沙是纪录片摄制登山队中的一员，他们正计划拍摄一部反映珠穆朗玛峰攀登活动的纪录片。所以，当时有几十个人同时在喜马拉雅山南坡上，而他们当中大多数人没有在这样的高度上登山的经验。考虑到这一点，霍尔和费舍尔决定联手，合并双方客户，以免在登山的关键阶段互相影响。

在分析了前几年的天气数据以及当前的天气预报后，登山队负责人认为5月10日是登顶的最佳时间。5月5日，联合登山队从位于海拔1.76万英尺处的一个大本营出发，穿过危险重重的昆布冰川，到达位于海拔2万英尺处的1号营地。5月6日，他们准备到达2号营地。在此期间，疯狂登山公司的一个客户戴尔·克鲁斯（Dale Kruse）开始感到不舒服，被费舍尔带回大本营。第二天，费舍尔又回到2号营地，与大家会合。在接下来的两天里，队伍继续向更高的地方前进。到5月9日，他们已经到达了4号营地，也是最后一个营地，就在南坳下方海拔近2.6万英尺的地方。登山者将从这个营地出发，向顶峰发起最后的进攻。然而此时，天气条件已经非常恶劣，风速高达每小时60英里，IMAX纪录片摄制登山队及其他登山队退回了大本营，等待形势好转。

罗布·霍尔已经给探险顾问公司的客户传达了严格的指示，不管登顶进展如何，下午2点必须开始回撤。也就是说，不管发生什么情况，在下午2点时，他们必须掉头返回4号营地，这样才能确保安全返回，氧气也不会耗尽。斯科特·费舍尔团队没有立下这样的规矩，因为他们的领导遵循的原则是，在18个小时的登山过程中，每个人都应该自己决定是否回头。

5月9日深夜，天气开始好转，两位领队决定出发。深夜

11 点 30 分，这两支登山队离开帐篷，前往南坳山脊，从那里开始通往顶峰。不久之后，探险顾问公司登山队中有 4 个人生病了，霍尔决定让他们回到 4 号营地，其余人员继续进发。大约早上 5 时 30 分，登山者们遇到了一个意外的困难：尽管两位领队之前都十分确定整个路线已经安装好了登山修路绳，但最后发现还是有很长一段路程没有。

因为必须安装修路绳，所以严重延缓了登山进程，在接下来的几个小时里，两支登山队分开行动，实力较强的登山者进展迅速，实力较弱的则落在后面。中午时分，第一批登山者到达希拉里台阶（Hillary Step），这是一段大约 39 英尺高、近乎垂直的山体岩石断面，是整条路线中技术难度最大的地方，在这里需要列队前进。大约在下午 1 点整时，第一批共 3 名登山者——科莱考尔、哈里斯和波克里夫，到达了顶峰。过了不到 1 小时，尼尔·贝德曼、马丁·亚当斯（Martin Adams）和克莱夫·舍宁（Klev Schoening）也登上顶峰。在罗布·霍尔规定的截止时间下午 2 点前，他们是仅有的几个成功到达顶峰的人。

与此同时，在顶峰下面的区域，戏剧化的一幕正在上演。罗布·霍尔一直在亲自帮助好友道格·汉森（Doug Hansen）向上攀爬，他突然意识到截止时间到了，于是命令汉森回到 4 号营地。但汉森拒绝了，因为他在一年前也参加了探险顾问公司的登山队，可就在离顶峰仅 300 英尺的地方被送回去了。他想要不惜一切代价坚持下去，即使会增加缺氧和使自己陷入危险的风险，他也不在乎。霍尔最终动摇了，决定继续往上攀登，他的朋友跟在后面。下午2点30分左右，霍尔一行6人到达顶峰，等待汉森。汉森在下午4点15分登顶，终于实现了他征服珠穆朗玛峰的梦想。就在半个小时前，极度疲劳的斯科特·费舍尔已经到达了顶峰，然后在洛桑的帮助下，立即开始下山。其他人也下山了。

下午5点整，第一个到达相对安全的4号营地的人是阿纳托利·波克里夫，他是向导之一。波克里夫根据他多年的原则，在早些时候拒绝了费舍尔要他携带氧气瓶的要求。

他争辩说自己必须快速下山，在帐篷里休整之后才能重新上山，给队友送氧气瓶帮助他们下山。许多专家后来批评了他的这一决定，说波克里夫应该一直和登山队待在一起，绝对应该随身携带氧气瓶，以便及时给那些氧气耗尽、疲惫不堪的队友提供帮助。

下午5点左右，天气状况突然恶化。山体上部笼罩在云层之中，能见度下降到只有几米，最糟糕的是，一阵狂风骤起，导致温度在接下来的几个小时里骤降至令人麻木的零下73摄氏度。在如此恶劣的条件下，这些付费客户和他们的向导完全迷路了。到晚上8点，只有乔恩·科莱考尔和马丁·亚当斯回到了营地。一大群登山队员在两名向导尼尔·贝德曼和迈克·格鲁姆的陪同下，被困在营地上方不远的地方——他们根本没想到自己离营地有多近。意识到情况非常糟糕后，这群人中最有实力的4名队员（包括两个向导）出发去寻找下山的路，最后在午夜前回到帐篷。阿纳托利·波克里夫总共进入营地上方的区域3次。他勇敢的行为拯救了3名疯狂登山公司登山队成员的性命，即桑迪·希尔·皮特曼、蒂姆·马德森（Tim Madsen）和夏洛特·福克斯（Charlotte Fox）。他们在凌晨4点30分到达帐篷，但都体温过低。

两名领队都没能回来，他们被困在山上不同的地方。罗布·霍尔先后两次与4号营地的登山者取得联系，第一次是通知他们安迪·哈里斯和道格·汉森的死讯，并请求提供氧气支持。夏尔巴人努力过，但天气条件实在恶劣，他们根本找不到罗布·霍尔。尽管如此，罗布·霍尔还是硬撑了一整天，在下午6时20分，他第二次联系到4号营地，要求与妻子进行卫星通话。那是他最后一次通话。

接下来的几天发生的事，揭示出这场灾难是何等惨烈。两支登山队中有5人死在山上，包括两名领队，还有一名夏尔巴人患上高原脑水肿（HACE），几天后在医院死亡。

之后媒体对悲剧的原因展开了讨论，直接或间接与这场悲剧有关的人员各自出版了相关图书，从自己的角度澄清事实。这些书从不同的视角提出了不同的观点，但在两点上是一致的：首先，这场悲剧是众多错误决策的结果，而不是由不可预见的事件造成的（比如雪崩）；其次，这些错误中有许多发生在行动的早期阶段，其累积的负面后果在向顶峰进发的最后、最绝望的阶段爆发出来。

如果我们在这里运用根本原因分析法，并与“5个为什么”规则结合，就很容易找出其中最严重的一组错误。根本原因分析法通常以逆时序方式操作，从导致失败的最终错误开始，然后向前回溯，寻找错误的最终原因，然后寻找原因的原因，如此进行下去。但是，为了理清事件的来龙去脉，我决定按时间的先后顺序介绍这些错误。除了问“为什么”，我们同时还要问“后果是什么”。

第一组原因与组织探险的方法有关。两位领导者都以非常规的方式组织各自的探险队，并没有考虑与之相关的某些风险。他们打算实施的项目极其困难：将从未经历过如此恶劣条件或海拔高度的业余爱好者带入一个高度危险和不可预测的世界。

在这种情况下，需要采用全面的、坚定的质询法，要有风险防范措施和面对意外情况的缓冲手段，还要准备几个替代方案，并测试应对可能发生的黑天鹅事件的一些流程。然而，两个领导者均背道而驰。他们对风险轻描淡写，以吸引客户参加探险队。霍尔和费舍尔在与客户沟通时的名言，以及宣传册上的广告口号让人深信不疑——“100% 成功率！”“我们已经建造了一条通往顶峰的黄砖路”“我们已经参透珠穆朗玛峰，我们已经把它完全连接起来了”“体验无比美妙”……我觉得，当这两人开始相信自己的宣传时，悲剧就开始了。不知不觉中，他们开始认为，和一群不熟悉的业余爱好者一起攀登珠穆朗玛峰是一件非常简单的事情。他们认为这是在可预测的环境下进行的一个简单的常规项目。

在这里，我们要问下一个“为什么”。像霍尔和费舍尔这样有经验的喜马拉雅山攀登者怎么可能犯下这样一个根本性错误？他们完全了解攀登世界最高峰的风险。在我看来，有两件事是他们误判的根源。第一，霍尔早期的大部分探险活动取得了很大的成功，创造出一种危险的火鸡效应，逐渐使他组织和运营探险队的方法常规化。科莱考尔回忆说，他曾经向霍尔表达过自己的犹豫和担忧，当时霍尔对此不以为然，说："兄弟，到目前为止，我们已经成功登顶 39 次了。"第二，希望庆祝再次成功登临珠穆朗玛顶峰已经成为一个优先事项，特别是考虑到科莱考尔和皮特曼在这里代表着公共媒体，这给两位决策者带来了额外的压力。知道整个世界将实时了解他们胜利（或失败）的消息，显然会影响他们的决策。

问题的核心在于，他们将可接受的风险水平一再降低，最终导致数人死亡的惨剧发生。如果他们正确评估相应风险，很多决策根本就不可能接受，但领导者为了扩大利润，还是做出了这样的选择。在登山探险这个黑天鹅事件频发的领域，他们却采用了一种纯粹商业的、常规化的管理方法。

组织和后勤工作的失误也是这次事故的部分原因。以商业目标驱动的管理方法自然以利润为关键动力。这就意味着要追求收入最大化和控制成本，在这种情况下，领导者认可风险增加的情况，最终导致错误决策接二连三地发生，但为时已晚。

两支探险队在物资供应和后勤方面都存在问题。与氧气供应商泊斯克公司的谈判拖得太久，夏尔巴人举行罢工，要求增加工资。最后，运送设备的卡车在尼泊尔边境迟迟不能进来。这些事件都源于领导者采取了商业运营方式的决策：对业余登山者生命安全至关重要的氧气被视为一种需要节省的昂贵资源，夏尔巴人的工资也是如此。设备运输状况更是令人诧异。事实证明，斯科特·费舍尔为了削减开支，将探险设备与其他货物一起装运，而不是单独使用一辆卡车运输。最后卡车在海关被拦下是因为车上其他货物存在问题，而与这些探险设备无关，但是没有办法，这些设备也因此不能清关。

而且，费舍尔凡事都要亲力亲为，扰乱了他的环境适应过程，这在后来对他造成了致命性的伤害。他为什么要自己处理这件事呢？因为为了节约成本，在探险队上山之前，他没有专门配备后勤团队或探险队经理，帮助他分担此类准备工作。

当时山上许多人也对领队和向导携带的设备不足颇有怨言。无线电话又旧又重，可靠性极差，而且数量太少。在极端情况下，采用质询模式时，参与决策的人员之间的信息通畅至关重要。就 1996 年这两支珠穆朗玛峰探险队而言，这都不太现实，因为绝大多数成员都没有配备必要的通信设备。为什么？因为领导者在削减成本，并且低估了风险。他们肯定在想：为什么我们在探险时需要那些操作简单、容易上手且安全可靠的昂贵设备呢？

此外，媒体报道对探险队也有影响。尽管所需的无线电话没有被拿走，但要有地方放桑迪·希尔·皮特曼的重型电子设备，用于为美国全国广播公司做现场报道。这个设备由洛桑携带，他在登山期间也确实在为这位社交名媛提供支持，并和她通过短绳技术连接在一起。

他俩的短绳连接还引发了当时没人预料到的一系列事件。两名领队认为，万一他们不得不在某段路线安装修路绳，洛桑和昂多杰将是最合适的人选。出乎所有人意料的是，大家发现真的有很长一段路没有修路绳，然后在一段时间内大家陷入了混乱，此时本应该由洛桑负责安装修路绳，但他因为要帮助出发不久就感到疲劳的皮特曼，而远远落在了队伍后面。因此，等洛桑和昂多杰开始工作时，他们已经损失了宝贵的时间和精力。

这让我们想到了另一个原因：参与者因素。在选择探险队队员的过程中，霍尔和费舍尔也使用了常规的、商业化的探险队组织方法。他们最重要的两个资格标准是：有 6.5 万美元（有些登山者得到特别折扣），有充足的时间。但他俩均没有对客户进行全面的体检，也没有核实客户的病史。为什么会这样？因为霍尔觉得自己已经取得过许多商业上的成功，认为这只是珠穆朗玛峰而已，所以又何必再费工夫，再花钱呢？罗布・霍尔探险队成员贝克・韦瑟斯（Beck Weathers）在此次登山时已经 50 岁了，他就是一个鲜活的例子，证明了霍尔思路的危害性。

韦瑟斯是来自得克萨斯州的一位富有的病理学家，他想征服珠穆朗玛峰，实现自己的梦想。他多年来一直为这个梦想努力。他参加探险顾问公司登山队的申请被无条件接受，成为霍尔团队中的一员。在攀登过程中，这位病理学家一直感觉不错，也一直保持着良好的健康状态，在珠穆朗玛峰低段没有感到任何压力。在 4 号营地，就在向顶峰做最后冲刺之前，他也仍然保持着良好的状态。他和团队一起出发，能跟上大家的速度。然而，到了某个地方的时候，他的视力突然恶化，能看到的东西越来越少，最后，就在离南坳不远的地方，他完全失明了。他不能再继续登山，霍尔见状很吃惊，立即过去帮忙。韦瑟斯向霍尔承认，他在这次探险前 18 个月左右接受了一次名为辐射状多切口角膜切开术的眼科手术。登山对体力的巨大需求，再加上缺氧，使他暂时失明了。乔恩·科莱考尔回忆说，霍尔和韦瑟斯之间发生了一次极具启发性的谈话。当愤怒的霍尔问韦瑟斯（他还是医生），为什么事先没有告诉他手术的事，韦瑟斯只是回答说："因为你从来没有问过我。"所以，如果我们不采用质询模式，那么，我们很容易在任务的关键时刻缺失重要信息，最后就会出现这种意想不到的后果。

韦瑟斯本人也因此承担了严重的后果。霍尔决定，韦瑟斯目前视力受损，不能继续前行，所以应该留在上山的路线上，等待视力改善。

霍尔答应在从顶峰回撤时将韦瑟斯带回营地。韦瑟斯非常信任霍尔（权威陷阱），就在那儿等着。过了一段时间，他的视力开始恢复。第一批从顶峰下山的人从他身边经过时，韦瑟斯拒绝和他们同行，因为他一门心思地要等他的领队。然而，他的领队再也没有回来。

但韦瑟斯幸存了下来，他的故事从此成为珠穆朗玛峰上最令人震撼的故事之一。韦瑟斯在 4 号营地上方度过了一夜，等待霍尔回来。由于体温越来越低，他慢慢失去意识。他那天晚上并没有死去，5 月 11 日早上被斯图尔特 · 哈钦森（Stuart Hutchinson）发现。他当时处于低温昏迷状态：被 4 英寸（1 英寸约合 2.5 厘米）厚的雪覆盖着，外套敞开，一只手失去了手套，完全冻僵了。他还在呼吸，但对任何刺激都没有反应。哈钦森做出判断，韦瑟斯和在附近被发现的南玻康子（Yasuko Namba）一样，已经没有生还的机会，所以他回到营地，传达了探险顾问公司探险队两名队员死亡的消息。不料，十几个小时后，韦瑟斯居然苏醒过来，并设法站了起来。没人知道他是如何到达 4 号营地的，我们只知道，另一支探险队的美国登山者托德·伯利森，在走出帐篷时与幽灵般的韦瑟斯面对面遇上。在随后的采访中，托德 · 伯利森这样说道：

“我不敢相信我所看到的一切。当时已经分辨不出他的脸庞，他的脸完全是黑色的，好像覆上了一层硬壳。冲锋衣拉链一直开到腰部，衣服上面全是雪。他的右臂裸露着，冻在头上。我们没法放下它。他身上的皮肤如白色大理石，没有一丝血色。”

韦瑟斯医生的伤势十分严重，大家都以为他撑不过当天晚上。第二天早上，韦瑟斯从帐篷走出来，让其他人帮他穿上冰爪，准备从洛子峰南坡下山，这让每个人都大吃一惊。两名优秀的美国登山者托德 · 伯利森和皮特 · 阿森斯（Pete Athans）陪他走过了这段危险的路程。在路上，他们遇到了 IMAX 纪录片摄制登山队，这支登山队听说了霍尔和费舍尔的悲剧性事件后，决定放弃登山，前来帮忙。大卫 · 布莱沙、埃德 · 维埃斯特斯（Ed Viesturs）和奥地利人罗伯特 · 夏埃尔（Robert Schauer）帮忙带着完全筋疲力尽的韦瑟斯一路来到 1 号营地。

然而在这里，救援人员面临着一个难以逾越的障碍。韦瑟斯靠着自己的力量，不太可能穿越昆布冰川，而且由于在该地区探险具有很大的技术困难，他们也无法带着他往高处走。他们也不能组织直升机来营救他，因为冰川上的边缘远远超过直升机最高着陆高度。

然而，尼泊尔皇家空军的马丹·卡特里·切特里（Madan Khatri Chhetri）上校不惧艰难，他驾驶一架欧洲直升机公司生产的 AH350 小松鼠直升机，去掉飞机上多余负载，设法飞到大约 2 万英尺的高度，打破了当时直升机飞行着陆高度的最高纪录。他的第二次尝试才成功让飞机保持了足够长的稳定时间，让韦瑟斯登机。上校高超的驾驶技术带着韦瑟斯安全抵达加德满都的医院，几天后，韦瑟斯从那里飞回了美国。

咱们回到几个月前，看看这两支探险队出发前是如何准备的。

除开我们已经研究的那些问题，还有一个问题也是后来导致许多错误决策的原因之一：探险顾问公司和疯狂登山公司的两支探险队之间缺乏任何团队整合。两支探险队的成员在尼泊尔才相遇，根本没有机会发展关系或建立信任。

这里有必要谈谈乔恩·卡曾巴赫（Jon Katzenbach）引入商业世界的一个概念区分。卡曾巴赫在 1993 年发表在《哈佛商业评论》杂志上的一篇文章中，引入了工作组的概念，认为工作组是指在同一时间、同一地点聚集在一起执行相似任务的一群人。然而，要使一个工作组成为一个团队，需要一定的时间。团队成员之间必须建立相互信任，认识到团队的共同目标，有共同责任感和公开的沟通，并在团队中创造一种心理安全感。重要的是要记住，在商业世界，我们经常遇到的是工作组（例如，呼叫中心的工作人员）而不是个人。而且，就算是工作组也不是完全没有问题。任何情况下，工作组都应该保持工作组的状态，因为投入时间、金钱和资源将他们融合成一个团队不会带来任何回报。每个管理者都应该有能力做出评估，了解他们领导的小组的性质。像对待团队一样对待工作组，可能和像对待工作组一样对待团队同样糟糕。

当时在珠穆朗玛峰上的就是两个典型的工作组，它们的成员只是刚刚结识。不幸的是，两个工作组从一开始就被他们的领导者当作团队对待，从而导致了后来悲剧的发生。

如果我们从商业的角度来看待这两支探险队的合并（毕竟他们是商业性团体），我们可以罗列出一系列非常有借鉴意义的错误行为。

首先，在大本营的一个帐篷里举行一次简短会议后，两个管理风格不同的队伍就开始合并。与会者被简单告知，出于安全考虑，双方领队决定将两支队伍合并。

这样做的目的是更好地应对当时富有挑战性的形势——当时珠穆朗玛峰上登山者众多。然而，整合也仅止于此。联合登山队没有任命新的领导者。为什么会这样？因为霍尔作为商业登山界的领跑者，很难想象他会把权力让渡给费舍尔；反过来说，费舍尔一直在追赶霍尔的成就，也没打算示弱。缺乏明确的领导者就会导致联合登山队运作规则不一致。例如，罗布·霍尔的探险队已制订出精确的周转时间表，而斯科特·费舍尔的队伍却没有。

这两支队伍的合并并不是真正意义上的合并，只是两个独立的工作组在一个混乱的环境中合二为一，没有明确统一的运营原则。

现在我们探讨向导的安置、结合和沟通问题。通过根本原因分析法，我们发现，在双方雇用的向导的作用和责任方面，存在一个有点奇怪但可以理解的错误。

两支队伍各自雇用的专业登山者经验水平相差很大。波克里夫是业内最优秀的人才之一，他曾从新路线出发，以阿尔卑斯式攀登（未使用夏尔巴人或氧气设备）登上干城章嘉峰（2.8 万英尺）而闻名。他曾登临马卡鲁峰、马纳斯卢峰和道拉吉里峰之巅，两次登上珠穆朗玛峰。在道拉吉里峰，他不仅爬出一条新路线，还创下了最快登顶纪录。1993 年，他在自己登山生涯中又拿下一座重要高峰：乔戈里峰。而他的搭档尼尔·贝德曼的简历则逊色许多，贝德曼登上的 2.6 万英尺级山峰只有马卡鲁峰。

此外，费舍尔支付给贝德曼的薪水要少很多，所以，贝德曼把自己定位为团队 3 号人物，不仅听命于费舍尔，还听命于波克里夫。在霍尔的团队，向导的情况也有类似的差异。到 1996 年，迈克尔·格鲁姆已经在登山界扬名立万，成为世界上第 4 个无氧气设备征服地球上最高的 4 座山峰的人：珠穆朗玛峰、乔戈里峰、干城章嘉峰和洛子峰。1999 年他又征服了马卡鲁峰。相对来说，安迪・哈里斯的履历就单薄了一些。

他们实力确实有些差异，但都是优秀的登山家。然而这里存在一个问题，他们此前几乎都没有涉足过商业探险领域。他们从未承担过霍尔和费舍尔赋予他们的角色，霍尔和费舍尔也没有向他们提供有关此类角色的指导意见。波克里夫的问题可以总结如下：登山过程中没有依照规定携带氧气瓶，在最后登顶时，拒绝服从老板的指示，还是没有带上氧气瓶，他不明白这不是为了他自己，而是为了客户的安全。费舍尔也犯了一个根本性错误：同意波克里夫把氧气瓶留在营地。

然后我们问另一个“为什么”：为什么斯科特・费舍尔作为团队领导人，向波克里夫支付了 2.5 万美元薪酬，还允许这个下属无视他的指示？他为什么让波克里夫为所欲为？这里有两个原因。首先，我觉得波克里夫可能没把登山资历稍逊的费舍尔视为真正的领袖。如果我在这一点上是对的，我想知道他是否因此没有认真对待费舍尔制定的规则，并且不认为这些规则对他这样的老手也有约束力。值得一提的是，波克里夫一再强调，在他看来，客户应该尽可能保持独立，并对自己的安全负责。其次，斯科特・费舍尔也需要承担部分责任，当然，其他职业登山者身上也多少存在这样的问题。

商界有一个令人惊诧的现象，人们深信某一领域的知名专家自然是管理者的最佳人选。不信你们想一想，在 20 名销售代表当中，通常是谁最后胜出，担任新区域经理？在绝大多数情况下，这个职位会落到销售业绩最好的人头上。不幸的是，许多研究和商业实践表明，这是在自酿苦果。专业能力出众的专家具备的品质和一名管理者或领导者应该具备的品质没有什么共同之处。这样，你一下子就失去了一名优秀的销售人员，可能也没有得到一名优秀的经理。

关于这一点，我几年前就深有体会。当时，我雇用了一个非常年轻但才华横溢的人，一个典型的千禧一代，我们称他为尼奥。尼奥是社交媒体方面的顶级专家，运用社交媒体如鱼得水。他在 25 岁的时候，组织过的重要社交媒体活动比我们这一代人几辈子做过的都要多。尼奥为公司立下了汗马功劳，不仅为我们打造了一个全面的社交媒体业务战略，而且将这个战略成功落到实处。

你现在可能会把尼奥想象成一个长头发、瘦骨嶙峋的极客，穿着一件满是污渍的破旧套头衫，总是坐在电脑前面，办公桌上堆着的一大堆空比萨盒，几乎能把他淹没。

你错了。尼奥衣着光鲜，博览群书，对网络世界之外的领域也兴趣广泛。他在现实中与人交流和在网上一样逻辑清晰、幽默有趣。当然，我不知道他是否偏爱比萨这种快餐，但就算他喜欢，我认为他也会定期清理办公桌上的空比萨盒。

我的失误在于，我认为既然尼奥擅长使用新技术，而且与我遇到过的大多数计算机奇才迥然不同，具有很强的人际沟通能力，那么，他必将是管理数字营销团队的理想人选（一个拥有 4 名下属的管理职位）。

这一招我反复用过，这里再用一次：12 个月后。

这 12 个月的时间里发生的事一言以蔽之：他接二连三的错误越来越让人难以忍受，最后酿成了彻底的灾难。尽管尼奥能力出众，但他从未真正理解过管理者的角色。他自己完成了大部分工作，没有让他的团队参与进来，因为尼奥认为团队中的其他人员都和他一样干劲十足，所以也就没有怎么督促他们。除此之外，他也处理不好棘手的情况。例如，如果团队成员之间有冲突，尼奥不会进行干预，而是认为他们自己会平息冲突。更糟糕的是，尽管他从这些失败中吸取了教训，但他无法将这些教训付诸实践并做出改变。他不能以意志约束自己的天性，即使他知道微观管理不是良策，不应该凡事亲力亲为，但最后他身上专家的一面还是胜出，然后重蹈覆辙。唯一的好消息是，尽管尼奥的管理者之路坎坷，但我还是设法留住了他。他在失败中涅槃，现在在非常适合他的技能和个性的岗位上大放光彩。他继续往专家的典型路线上发展，因为我们都直面事实，坦然承认管理不是他的强项。

让我们再回到 1996 年，回到珠穆朗玛峰那险象环生的斜坡上，认真审视这两支探险队的领导者以及他们做出的决定。斯科特 · 费舍尔和罗布 · 霍尔都是经验非常丰富的登山者，他们曾多次出入死亡地带，对高海拔对人体的影响，以及高海拔对个人评估形势和做出理性决定的能力的影响，有切身体验。在高海拔环境下，罗布 · 霍尔在引导业余登山者方面也有丰富的经验，这些业余登山者大多数从未到过2.6万英尺以上的高峰。

两位领导者管理团队的风格迥异。罗布·霍尔的管理手段和他早期探险时一样，严格、专断，将自己的观点强加于他人，并且在登山过程中，不能容忍队伍中出现任何异议。正如他所说，他一直都愿意向队员解释某个决策的具体原因，但这只能在回到营地之后，在2.6万英尺级高峰的半山腰上是不可能的。他会制定许多详细的程序和规则，要求客户严格遵守。那些加入他探险队的人要接受这些程序和规则，因为它们制定的初衷就是为了保护客户的安全，并确保是由公认的专家做出的重要决策。

斯科特·费舍尔认为自己更像是探险队的协调者。认识费舍尔的人都说，他相信随机应变，每个客户都必须遵守各自的游戏规则。而制定程序会限制这种自由，所以他给了客户更大的决策空间。他也不像霍尔那样重视向导的角色和职责，费舍尔对待向导更像是对待合作伙伴，而不是员工或承包商。

鉴于登山运动的性质，霍尔的方法无疑是恰当的：在高风险的情况下管理一个工作组，需要一个领导者来确保无误的规则得到始终的贯彻，这时的领导者更像一个善意的独裁者。费舍尔领导团队的方式对一个团结紧密、能力出众、经验丰富的团队来说，也许是一个很好的方法，但对一群专注于自己目标的业余登山者而言，就不是那么妥当了。

然而，后来的事实证明，除了两位领导者，所有死去的人都属于罗布·霍尔的团队：安迪·哈里斯、南玻康子和道格·汉森。这是因为罗布·霍尔在无意之中将他的队员们置于一个高度危险的权力陷阱中。想象你就在那次探险当中，世界上最优秀的登山家之一是你的领队，他有着完美的登山探险商业运作记录。他是一个坚强果敢的人，从一开始，他就告诉你要言听计从。他制定了一个至关重要的规则：在下午2点整，你必须开始下山，不管当时你在山上的什么地方。可是在下午2点左右，你正在向顶峰迈进，而他也在继续攀登。陷入权力陷阱的客户在这种情况下会怎么想？他将开始把领导者的决策合理化，相信他在评估风险方面的丰富经验和专业知识。“他知道自己在做什么”“今天天气肯定比平时好，我们的时间更宽裕了”“我们显然比以前的团队更有实力，领队知道我们能及时赶回来”“时间限制可能是下午4点，他之所以告诉我们是下午2点，是留出了一些余量”等。

为什么霍尔会犯下这样一个根本性的最终导致悲剧发生的错误呢？为什么他要去破坏一个确立已久、屡试不爽的登山规则呢？部分原因在于霍尔和汉森之间的关系。霍尔曾在1995年把未到顶峰的几个客户送到山下，其中就包括汉森，这次他又费了九牛二虎之力说服他的密友汉森再次攀登珠穆朗玛峰。这样，他把自己带入一个危险的沉没成本陷阱：面对自己的朋友，他实质上已经有意或无意地承诺这一次肯定会成功，这使得他在关键时刻难以做出正确的决定。探险顾问公司的明星老板罗布·霍尔最后向他的朋友屈服，打破了自己确立的核心原则，这就是几个小时后发生悲剧的原因。

斯科特·费舍尔也遇上了同样的问题，他的队员戴尔·克鲁斯也是他多年的朋友。当克鲁斯爬上3号营地时，身体状况开始迅速恶化，同时表现出高原水肿的症状，费舍尔做出了正确的决定，将病人带回营地。不幸的是，尽管这样会打乱他的环境适应计划，因为登山期间还有很多工作要做，但他还是决定自己承担这项任务，而不是委托他人。他为自己的决定辩护说："克鲁斯哭了，我不忍心把他交给其他人……我不想让阿纳托利、尼尔或哪个夏尔巴人来做这件事，因为他是我的朋友。"过了几个小时，精疲力竭的费舍尔终于回到了营地。

在做出选择时，情感纽带会是一个很不合适的决策依据。当我们的决策牵涉到与自己有情感纠葛的人时，我们总是害怕做出决策，对我们特别喜欢的人是这样，对我们有些反感的人也是如此。当我们需要客观中立时，任何积极或消极的情绪都会使我们变得主观。人们总说永远不要和朋友做生意，外科医生也不应该给家人做手术，这是有原因的。正如霍尔和费舍尔的案例所显示的那样，我们需要考虑到，带亲密朋友去攀登高峰会带来额外的巨大风险。

规则10

认识到自己和其他人的失败经验的价值。

认真分析过去的失败经验，总结出全面、客观和有实际价值的结论，以有益于将来。

令人惊讶的是，我们总是忘记这条规则。当因失败而心烦意乱时，我们总会问自己：“怎么会到这一步？！”但是我们很少能排除情绪的干扰，去审视失败的真正原因。我们的判断非常容易被愤怒、失望和沮丧的情绪左右。虽然我们对某些行为、方法、程序或流程做出了一定的改变，但是，我们主要还是在应付表面症状（那些扰乱我们情绪的事情），而不是去追究问题的深层原因。

因此，根本原因分析法虽然在技术上操作简单，但从情感上难以贯彻。它要求我们去思考通常我们不愿提及的事情：那些我们在不同阶段犯下的导致我们做出错误决策的错误。除此之外，在许多管理现代、蓬勃发展的公司中，我注意到它们的组织和管理文化中也存在一种陷阱，使得实施根本原因分析法变得愈加困难。这种陷阱就是积极思考观念，因此我们经常听到有高管说：“过去的失败再后悔也于事无补，让我们着眼未来，争取成功。”听到这些话，每个人都松了一口气，有谁想讨论不愉快的事情呢？在商业世界中，分析失败原因往往变成急于寻找“过错方”，所谓过错方通常只是替罪羊，最后被解雇并不能解决问题的根源。

有一个关于公司管理的老笑话，就是蓝绿两支赛艇队的故事。一年一度的 8 人制赛艇比赛在两支队伍中展开，由一位重要人物为获胜者颁发大奖。对两支队伍来说，这无疑是一个非常重要的赛事，他们均为此做了细致的准备。当这一天到来，大家情绪高涨，各队的支持者站在河岸上观看。两队各就各位，发令枪响。对绿队来说，接下来发生的事情完全是一场灾难。

它比蓝队晚了10分钟到达终点！绿队群情激愤，队员们都觉得这怎么可能！他们请来了知名咨询公司的顾问，经过许多天的努力工作（当然支付了不菲的费用），终于找到了失败的原因。获胜的蓝队中有8名队员，其中包括1名舵手和7名桨手，而绿队同样有8名队员，其中包括7名舵手和1名桨手。咨询公司的顾问指出绿队存在一个明显的问题：管理结构不良。因此，绿队做出了相应的改革。他们认为4名舵手就足够了，这4名舵手应该向两个超级舵手报告，然后后者由一个总舵手管理，以建立必要的问责制。显然这种问责机制是目前所缺乏的。他们做出这些改革之后，一支全新的队伍进入了下一场比赛。这次他们输了20分钟。愤怒的绿队管理团队解雇了顾问，再次检查赛艇比赛的结果，并决定立即解雇桨手，桨手显然是问题的根源。

在接下来的比赛中，你最好不要再问绿队比赛所用时间。

不久前，我在一家科技公司（姑且称之为绿队）目睹的一系列事件，就是完美体现这种管理方法的一个真实案例。绿队发现自己在这一领域处于领先地位，就想要个花招，在与那些弱小但比较激进的对手的竞争中保持优势地位。

它的战略是，迅速在其产品线中引入创新因素以保持领先地位（改进产品和服务，优化定价政策和客户服务模式）。这一战略非常有效，绿队公司经常出现在商业杂志版面上，被誉为竞争性战略的优秀典范。一切都很顺利，直到它发布的一个新产品惨败。不仅销量远低于预期，实际产品也充满了缺陷，这些缺陷通常在使用几周后才变得明显。绿队在产品返修和升级方面投入了大量资金，最后销量仍然低迷，不得不将该产品退市，并开始寻找过错方（真的，这是原话。我亲耳听到的是“过错方”，而不是“问题的根源”）。当然，这件事只能有一个过错方：负责开发和引进这款产品的团队经理。他们决定解雇这名经理，团队里其他几名员工也未能幸免。

此后，绿队董事会成员给所有员工发了一封感情洋溢的信，表示他们深信公司战略是正确的，公司应该尽快把重心放在寻找新的解决方案替代失败的产品上，并在信中补充道，讨论失败的项目是没有意义的。失败产品的责任人已经离开公司，所以问题就解决了。

不到一年的时间，由新经理领导的新团队开发的这一产品的新版本就上市了。事实证明，问题没有得到根本解决。不到两个月，噩梦又开始了。愤怒的顾客纷纷向公司投诉，购买的产品几周后就出现了故障。

幸运的是，这一次绿队董事会不再那么武断，没有解雇新经理和半支设计团队草草了事，而是走了一遍根本原因分析流程。最后他们发现，问题出在两年前，人力资源部的信息技术系统发生了变更。在应用新系统时，有关员工技术培训的一些数据已经丢失。因此，没有人发现其中一个分析团队中有 4 名员工没有就新系统的变更接受过相关培训。这些变更看起来很小，但影响很大，因为它们要求分析师要对他们输入待分析数据的方式做出细微的改变。结果是一场灾难：分析师出于善意，在完全不知道系统变更的情况下，为有缺陷的新产品开发撰写了关键报告。基于这些不良数据，相关人员为那些根本不能达到预期目的的新设备编写了程序。产品发布前的连续运行测试时间太短，无法识别程序中的故障，而这些故障只有在客户使用设备数周之后才会出现。

质询模式和根本原因分析法的困境在于，我们需要在原因分析的彻底性和深度与所用时间之间找到一个恰当的平衡点，毕竟时间永远是商业世界最宝贵的资源。我们都希望有充足的时间去查阅各种数据，咨询所有专家，以对问题进行全面冷静的分析。可惜，我们有很多会要参加，得遵循各种工作进度表及最后期限的限制。我们经常不得不两害相权取其轻，因为一般认为做出决策总比犹豫不决好。

企业要获得竞争优势，时间永远是一个关键因素，也是一个永远都需要考虑的问题。企业推出产品的时间越早，就越有可能击败竞争对手并垄断市场。企业做出决策的速度越快，其组织应变能力就越强。组织应变能力越强，在这充满黑天鹅事件的世界里生存下来的机会就越大。因此，我们必须找到一个折中的选择，让我们远离错误决策，并确保我们的企业一帆风顺。

幸好，要做到这一点，我们有很多办法。一种选择是加速和改进那些不会给企业带来重大风险的标准决策过程。如果我们能进一步自动化决策过程和下放管理权力，我们就会有更多的时间去研究那些需要以质询模式决策的问题。第二种选择是下马“协和式飞机”之类的注定要失败的项目，以节省时间。

我们勉强维持这些项目只是因为心理惯性，以及掉进沉没成本陷阱不能自拔。第三种选择是建立一个快速反应小组，确保在发生黑天鹅事件的情况下，这个小组至少已经在某些行动和程序方面做好准备，从而迅速行动和节省时间。第四种选择我称之为“萨拉米香肠决策法”，在谈判中，萨拉米香肠策略指悄无声息地逐步扩大优势，以免引起对手的警觉。让对手一点一点退让，最后他们会惊讶地发现，自己已经全盘接受了你的提议，可这时已经为时太晚。萨拉米香肠决策法的工作方式大致相同：我们在确保关键问题无虞的同时，以小动作赢得时间。肯尼迪政府对古巴的海上封锁就是此类做法的一个经典案例。它为美国进一步分析形势赢得了时间，同时阻止了苏联在古巴部署核弹头，因为苏联一旦得逞，将不可逆转地改变双方力量的平衡。同样，在冰岛火山爆发后，当欧洲航空安全组织决定停止欧洲大陆航班，消除了发生空难的可能时，它为自己赢得了充足的时间以进行质询法决策。然而，在这种情况下，欧洲航空安全组织的专家反而选择辩护决策模式，没有充分利用这些时间。

因此，萨拉米香肠决策法应该以两个因素为先导条件：赢得额外的时间，同时确保核心问题无虞。在黑天鹅事件频出的世界，要做出有效决策，每个组织都应该找出其关键过程：对整个组织有效运行至关重要的人员、资源或任务。简而言之，我们要找出那些不是让我们更强大，而是一旦出错，将使我们万劫不复的问题。一旦我们确定这些问题，我们就必须制定一套决策来确保组织没有近忧，同时争取更多的时间以研究黑天鹅事件。如果能在有效、全面的根本原因分析基础上，将这种方法结合前文提到的改善法，我们就有机会打造一个常胜的组织，这个组织始终关注每个员工的态度和行为的持续进步。

然而，如果这个组织缺乏真正的领导者，缺乏那种在有效决策形成过程中发挥举足轻重的作用的人（这一点我们将在后面详细讨论），这种情况就不会发生。在根本原因分析基础上推动组织进步，真正的领导者要在协调讨论各方关系中扮演重要角色，要确保参与者不会只是在争夺内部权力和影响力。企业界流传着一句老话：同事失败之时，正是你升职之刻。但是，如果领导一个团队的人是真正的领导者，而不只是名义上的管理者，那么大家就会去研究问题，而不是针对某个员工。这并不意味着运用根本原因分析法，我们就不应该对犯下重大错误的个人给出负面评价，而是说，重要的是问题分析不能变成寻找过错方的猎巫行动。

同样值得记住的是，我们在现实中管理创新过程时出现的基本问题与创新无关，而是与实施有关。提出数百个创新性想法很容易，但当我们开始将它们付诸实践时，问题就来了。有时只是因为决策者认为这些想法行不通，问题就会被过分夸大，优秀的想法就会被束之高阁。例如 1970 年施乐公司建立的帕洛阿尔托研究中心（PARC）。帕洛阿尔托研究中心的任务是不断寻找技术创新，为当时以复印机闻名的施乐公司开发新产品奠定基础。研究中心团队出色地完成了他们的任务，创造了计算机鼠标、局域网、电子邮件服务器、图形用户界面和所见即所得（WYSIWYG）文字处理器等概念和原型。相关人员向施乐管理层定期汇报工程师做出的每一项突破性发明，每次管理层都认为这种发明不受市场欢迎，或者无利可图。这样一个又一个想法被搁置起来，最后无人问津。施乐奥托（Xerox Alto）也面临同样的命运。施乐奥托是一款带有图形用户界面和传统键盘的个人电脑。1979 年，有一个人造访了帕洛阿尔托研究中心，他的远识和想象力远远超过了当时的施乐董事会。这个人就是史蒂夫·乔布斯，他正在为丽莎（Lisa）寻找灵感，丽莎是苹果公司当时正在开发的个人电脑的代号。乔布斯喜欢施乐工程师的想法，就购买了部分知识产权，也剽窃了部分创意（这一点是他常为人诟病的地方），并挖走了数名员工。不管怎么说，帕洛阿尔托研究中心的想法被应用到了苹果公司于 1984 年推出的个人电脑上，事实证明这是一个巨大的成功。施乐董事会当时一定目瞪口呆，就像他们的彩票已经中了奖，但不知何故从未将之兑现。帕洛阿尔托研究中心的另一项突破是 XEROX 8010 STAR，它是本地网络和电子邮件的创新性结合体，本质上是第一个大众电子邮件服务器，但它也从未得到施乐公司高层的批准。

在这样一个竞争激烈的领域，缺乏创新只能有一种结果：大难临头。到 20 世纪 90 年代末，施乐损失惨重，苟延残喘，重整旗鼓的重担落在安妮·马尔卡希（Anne Mulcahy）身上。2002 年她将帕洛阿尔托研究中心从施乐的架构中独立出来，这样研究中心就能够服务于第三方客户。如今，尽管帕洛阿尔托研究中心的很大一部分收入仍然来自施乐，但该中心也为三星、富士通和 NEC 等公司提供服务。

因此，创新不是在诞生阶段死亡，而是在实施阶段死亡。根本原因分析法也是同理：即使我们得出深刻、合理且精确的结论，在许多情况下，这些结论也不会促使一个团队或公司的运作发生实质性改变（在下一章，我们将讲述一个关于美国航空航天局的决策惯性的故事）。因此，真正的领导者也有责任根除问题的根本原因，并确保新的解决方案在成为标准程序之前经过全面测试。他们不仅需要召集员工集思广益，而且还需要监督变革的实施过程。

然而，领导者在提高决策基础结构方面的作用，比其在实际分析失败和成功原因或引入改进措施方面的作用要重要得多，我们将在第七章更详细地探讨这个问题。

在此之前，我们必须先完成一件重要的事。

决策根本原因分析分步指南

1. 准备一份观点明确的开场说明：找出失败的问题及有效性标准。例如：失败的原因是什么？哪些是关键原因？拟定一份人员名单，并收集所有关于该项目的数据。要尽量客观。然后把结果报告交给 2 到 3 个经常与你意见不一致的人查阅，并征求他们的意见，询问他们这份报告是中立的，还是有倾向性的。

2. 为根本原因分析小组选择成员：不要只选择与这个失败项目相关的人员，让有类似项目经验的人员也参与进来。人员多样化：除了有经验的员工外，还要吸纳新入职的员工，因为他们可能会看到你已经视而不见的问题（猴子香蕉综合征）。还要让公司不同职位和不同部门的人员参与进来。如果你理由充分，可以吸纳公司以外的人员，这些人一般是视野宽阔的客户、供应商或合作伙伴。

3. 为小组制定根本原因分析实施规则。例如，头脑风暴，5 个为什么，并为这项工作设定时间表。询问整个小组是否遗漏应该参与的人员。

4. 展示开场说明，强调分析的出发点。允许讨论开场说明。

5. 将根本原因分析小组分成几个子组，每个小组最好 4 到 8 人。合理选择小组成员，尽量保证每个小组成员平常不在一起工作。成员越多元化，讨论就可能越全面。允许子组独立进行分析。不规定所讨论的问题领域，不任命小组领导，不对工作方式给出建议。

6. 子组分析工作完成之后，将整个小组人员集合在一起并以时间先后顺序分析问题，或者在有必要的条件下，以逆时顺序（从失败开始向前倒推原因）分析问题。然后，子组就错误原因发表他们的意见。主持辩论，努力让表现不太积极的人员参与进来。表达你的观点，但不要将其强加于人，尤其是在你的直接下属是小组成员的情况下。

7. 写下分析结果后，结束会议。把所有会议材料和笔记都留下。第二天把小组人员召集到一起，回到分析结果所在的房间，然后以全新的眼光逐一再看一遍。考虑小组人员在本次审查后发表的所有意见，确保最后一个“为什么”的根本原因。

8. 将结果汇总成一个最后总结。把最后总结提交给没有参加过根本原因分析小组的人员，请他们评估材料的清晰度以及原因和后果的合理性，询问他们这些内容是否都有理有据、可信、有说服力。

9. 确定改革的优先顺序，首先从实施起来相对便捷且成本低廉的简单改进措施入手。在每一个改革过程中，有立竿见影的效果很重要，这样能进一步激励员工行动起来。此外，还要确定中期和长期改革目标。每一项措施要确定负责人，不要忘记设定最后期限、时间表或指标。根本原因分析的终点不是诊断问题，它必须是下一步行动的起点。

10. 感谢根本原因分析小组的努力和参与。

第六章

决策方法选择的 4 个关键维度

我们再回到那个富有争议性的关于猴子和香蕉的实验。这些猴子逐渐习得某种行为，并且以群体形式，把不爬上楼梯拿香蕉作为它们的行为标准。不管你喜欢与否，我们和那些猴子其实没什么不同。我们也会屈从于来自我们所处文化环境的显性或隐性的压力，这种压力迫使我们遵从这个群体的行为规范和标准。压力形成过程一般是无意识的，随着时间的推移，就像猴子一样，我们不再怀疑我们行为背后的原因。如果我们将香蕉实验推及整个国家，我们可以称这种自然发生的行为模式为国家文化。而就单个企业而言，我们称这种员工群体采取相似行为的现象为组织文化。

文化是一套规范和信仰，由某一特定人群共享，并影响他们的态度和行为，而他们自己可能对它的影响浑然不觉。简而言之，文化是我们的行为方式。在许多情况下，支配我们的行为准则根植于我们内心，我们甚至没有意识到它们的存在。模式化观念的形成方式与此类似，它们都是通过代表性捷思灌注在我们身上。这就难怪吉尔特·霍夫斯泰德（Geert Hofstede）将文化形容为“共有的心理程序”，这种程序创造出特定人群共同的但内部又有差异的价值观、态度和行为。马萨诸塞大学阿默斯特分校的林达·斯默西奇（Linda Smircich）教授称文化为“社会黏合剂”，它是一套态度和不成文的规则，有助于特定群体中归属感的形成。从这个角度来看，一个组织的文化变成一种标志，其成员根据这种标志感觉他们在同一个团队中，同时与其他团队区别开来。

每个社会群体都创造出一种特定的文化，这种过程不一定是有意识的、受控的。这么说来，文化又有点像空气。我们看不见它，很容易忘记它的重要性，可一旦发生剧变就体现出来了。在这一点上，这种无形的力量显示出其破坏性的一面。在商业领域，这种剧变可能的形式是，两家公司合并导致两个具有完全不同社会黏合剂的群体之间发生文化冲突。在这种情况下，以前被忽视的文化之间会发生碰撞、产生冲突，并引发严重问题。看看德国戴姆勒公司和美国克莱斯勒公司合并后的困局就知道了。两家公司并购前未能进行文化方面的尽职调查，从而导致一场灾难的发生，其中的原因不仅有组织文化之间的冲突，还有国家文化之间的冲突。这两个群体的行为之所以相互冲突，不仅是因为双方有意识地遵守某些规则和程序，更重要的是因为双方根深蒂固的、部分无意识的关于如何行事的信念。

跨文化差异也可能导致许多悲喜剧事件，有些事鸡毛蒜皮，有些事则后果严重。

我有一个挚友经常旅行。他热衷于发现和探索新地方。他不喜欢跟团旅行，只喜欢去游客罕至的当地餐馆，品尝当地美食。这种旅行方式曾经给他带来大麻烦。事情发生在他第一次访问里约热内卢拉兰热拉斯区的时候。当我的朋友在当地一家餐馆吃晚饭时，服务员问他饭菜怎么样。当时他满嘴都是食物，所以就用一个欧洲和北美地区常用的“OK”手势以作回答。他举起手，食指和拇指形成一个“〇”形，表示食物很棒。不幸的是，我朋友后来才知道，这名巴西服务员才参加工作 4 天，这是他第一次接待外国顾客。从我朋友的角度来看，情况本来可能会更糟。往好的方面想，服务员没杀他，心有余悸的老板也没收他这顿饭钱。而不好的方面就是，服务员倒在他身上的巴西肉烧豆浓汤，彻底毁掉了他的卡其裤和浅蓝色衬衫。我的朋友全然不知虽然这个手势在欧洲和北美具有正面含义，但在巴西却有着不友好甚至侮辱性的含义，因此激怒了服务员。

决策过程中文化差异的影响远不止是一些琐碎的冲突或啼笑皆非的趣事。社会心理学家吉尔特·霍夫斯泰德教授是研究文化人类学的专家，也是将文化人类学应用于商业领域的真正先驱。他在这一领域最为人知的突破性研究可以追溯到 1975 年。

那一年霍夫斯泰德正醉心于组织文化的研究，他花了很长时间观察 IBM（国际商业机器公司）。在当时，人们普遍认为

IBM 有着铁板一般整齐划一的公司文化。IBM 无论在哪里设立分支机构，都会把公司创始人之一、传奇人物托马斯·沃森（Thomas Watson）打磨几十年的公司行为准则和价值观灌输给新员工。在观察 IBM 员工的过程中，霍夫斯泰德和他的团队注意到，除了精心培养的企业文化之外，国家文化对他们的行为和态度也有明显的影响。在这一点上，这项研究成为文化人类学领域的一项突破性成果，最终为一系列社会、政治、教育和商业应用奠定了基础。

霍夫斯泰德团队定义了区分社会群体及直接影响决策方法选择的 4 个关键维度。在最初的研究中，这些维度被称作指数，分别为权力距离、个人主义、男性气质和不确定性规避。

权力距离（PDI）

霍夫斯泰德的团队将权力距离定义为一个特定国家的国民接受权力和资源不平等分配的程度。权力距离指数高的社会，认为一部分人有权有钱而另一部分人无权无钱的情况是常态，无须大惊小怪。权力距离指数低的社会则相反：他们渴望尽量减少权力和财富差异，以更公平的方式重新分配权力、影响力和财富。权力距离指数最高的 5 个国家按降序排列，分别是斯洛伐克、马来西亚、巴拿马、危地马拉和俄罗斯。权力距离指数最低的 5 个国家按升序排列，分别是奥地利、以色列、丹麦、新西兰和瑞士，其次是斯堪的纳维亚国家。

权力距离转化为决策者的关键期望。在权力距离指数高的国家，权力的等级制度和形式属性（如决策权）就非常重要。这表现出权力距离指数高的组织通常集权管理、决策专制，决策权集中在一小撮高层管理者手中。在这种情况下，采用质询法存在明显的危险。即便出于文化原因，下属自己也觉得没有必要参与决策过程，不会因决策者的忽视而感觉到被冒犯，但权威陷阱和分析表面化就成为对公司的威胁。在发生黑天鹅事件的情况下，服从权威和分析表面化的结合可能导致非常错误的决策。相反，权力距离指数越低，整个组织对低层次员工参与决策过程的期望就越高。如这些员工未能参与决策，就会被视为不公平，是对员工能力和经验的无视。然而，这种环境也存在其他危险，过度的讨论和磋商是这种民主决策风格的典型特征，可能会导致组织错过转瞬即逝的机会。

个人主义与集体主义（IDV）

个人主义指数对决策过程的影响颇令人玩味。个人主义指数高的国家关注个人一定程度的自私，以及对自己和最亲近人的财富的关心能被社会理解和接受。个人主义指数低，信奉集体主义的国家将群体利益置于个人利益之上。在最讲究个人主义的社会中，美国名列榜首，澳大利亚位居第二，英国紧随其后。最讲究集体主义的国家在拉丁美洲，分别是：危地马拉、厄瓜多尔、巴拿马、委内瑞拉和哥伦比亚。

霍夫斯泰德教授团队的研究揭示出一个看起来令人惊讶的关联：具有集体主义文化的国家通常也表现出高权力距离和由此产生的明显的等级制度。要解释这一点并不难，在集体主义国家，“权威”也屈从于个人所属的群体，群体利益被视为可以压倒一切。决策的后果是相似的：因为集体利益优先，集体主义国家经常做出不合理和不赢利的决策。在商业环境中经常有这样的情况：管理者决定不解雇一名能力低下的员工，仅仅是因为该员工在公司工作了很长时间，已经成为公司社交网络中不可或缺的一部分。

集体主义文化中，错误决策的另一个原因可能是人们不愿意参与公开讨论，害怕破坏现状。这可以用《马太福音》中的一个故事来说明。一个男人有两个儿子，男人命令他们去葡萄园干活。大儿子回答说：“好的，父亲。”但没有去葡萄园。二儿子违抗父亲的命令，但最终改变了主意，开始从事酿酒工作。那么，哪个儿子服从了父亲的意愿？《圣经》明确地指出是二儿子。然而，霍夫斯泰德转述了一个荷兰传教士的经历，这个传教士在印度尼西亚讲述了这个《圣经》故事。印尼是一个具有严重集体主义倾向的国家。令传教士惊讶的是，印尼人都选择大儿子，因为在他们看来，即使他最终没有执行父亲的指示，但也没有破坏家庭的现状，这对所有社会群体来说才是最重要的。

在集体主义国家，人与人之间很大一部分交流是所谓的强语境交流，这种交流不仅包括语言，还包括随之而来的非语言行为、语调和整个对话语境。

在必须当机立断的情况下，解读此类消息可能会很耗时，并导致误释。如果在一个决策团队中，既有人来自个人主义文化背景，也有人来自集体主义文化背景，那么这样的群体想要快速做出决策将变得异常艰难：前者更加外向，能更大胆、更自信地表达自己的观点，让后者感到不适，因为后者可能更倾向于让步，而不是公开表示反对。一个两种文化混杂的群体不太可能进行公开辩论，以及进行彻底的、多方面的质询式决策。根本原因分析法也会带有感情色彩，对那些来自集体主义文化的个人来说，分析失败的原因会非常尴尬，毕竟我们谈论的是我们社会群体内部犯下的错误，我们应该对这个群体保持忠诚。

男性气质 / 女性气质（MAS）

霍夫斯泰德的团队还将文化分为男性气质和女性气质两种。在男性气质浓郁的文化中，男性气质指数很高，重视成员的成就、成功、发展和收入，而男性应该满足这些期望。在女性气质占主导地位的文化中，男性气质指数很低，社会更重视成员合作、提高生活质量、改善人际关系以及照顾弱势群体，男性和女性都应该优先考虑这些品质。男性气质指数最高的国家是斯洛伐克，然后是匈牙利、奥地利和瑞士德语区，接下来是日本和委内瑞拉。女性气质指数高的国家以瑞典、挪威、丹麦、拉脱维亚和荷兰为代表，其中瑞典的男性气质指数最低。

如你所想，男性气质社会更具对抗性。你可以在谈判中清楚地看到两者之间的差异：女性气质国家的目标是和解和共识（双赢），但男性气质国家渴望胜利，咄咄逼人。这种差异在两次相似的国际冲突中都造成了悲剧性后果，其中一次冲突得到了和平解决，另一次冲突以不必要的生命损失而告终。

奥兰群岛和马尔维纳斯群岛（英国称“福克兰群岛”）有许多共同之处。奥兰群岛位于波罗的海博思尼亚湾，是一个由大约 6500 个小岛组成的群岛；马尔维纳斯群岛距离阿根廷海岸近 300 英里，由大西洋中大约 800 个岛屿组成。这两个群岛在不同时期都是争议领土。就奥兰群岛而言，芬兰和瑞典都对其申索过主权，这并不奇怪，因为这个群岛与这两个国家的距离几乎相等。而马尔维纳斯群岛，英国和阿根廷已经为它的主权归属争论多年。

奥兰群岛问题很快得到解决。自中世纪以来，瑞典人就已经在奥兰群岛定居，现在大多数居住在岛上的人仍然说瑞典语。但是，从 19 世纪初开始，奥兰群岛被不同国家轮番统治。1809 年，根据在弗里德里希斯港签署的和平条约，奥兰群岛被割让给俄罗斯。半个世纪后，俄罗斯在克里米亚战争中战败，失去了对奥兰群岛的控制权。20 世纪初，芬兰和瑞典之间发生了严重的政治争端，两国都声称对这些岛屿拥有主权。双方决定通过国际法解决争端，因此成立了一个特别委员会，由分别代表法国、瑞士和荷兰的律师组成。经过多次讨论，国际联盟理事会于 1921 年 6 月 24 日将奥兰群岛判予芬兰，条件是奥兰群岛保持中立。

迄今为止，尽管奥兰群岛上约 90% 的居民是瑞典人，但仍然是属于芬兰的非军事化自治领土。就这样，通过谈判，一场潜在的国际危机得以避免。

马尔维纳斯群岛的历史与奥兰群岛相似，但其主权之争走了一条完全不同的道路。历史上马尔维纳斯群岛也几经易手。它于 16 世纪被英国人发现，由法国统治。群岛上的第一个殖民地由路易·德·布干维尔（Louis de Bougainville）于 1764 年建立，被称为路易港。马尔维纳斯群岛在法国手里还没放热乎，仅仅 3 年后，就被西班牙人接管，他们立即将路易港改名为索莱达港。这还不算完。1771 年，该群岛再次成为英国的财产，尽管阿根廷曾在 19 世纪初申索对该群岛的主权，但最终它被宣判为英国殖民地。阿根廷人从未接受过这一宣判结果，于是在 1982 年 3 月，当时掌权的莱奥波尔多·加尔铁里（Leopoldo Galtieri）军政府决定发动罗萨里奥行动。4 月 2 日，阿根廷向岛上派遣了武装部队，此时岛上居民不到 1500 人。联合国安理会谴责阿根廷的行为，但军方无视该决议。英国人当然不会坐视不管，随后他们向马尔维纳斯群岛派出一支规模庞大的特遣部队。尽管国际社会，包括当时的联合国秘书长哈维尔·佩雷斯·德奎利亚尔（Javier Pérez de Cuéllar）从中斡旋，但公开冲突还是爆发了。冲突持续了两个多月，夺去了近 1000 人的生命。

这两个事件有什么区别呢？我们从所涉及国家的男性气质

指数可看出端倪。芬兰和瑞典是女性气质浓郁的国家，倾向于通过调解和寻求共识来做出决策，而英国和阿根廷是男性气质浓厚的国家，倾向于直接对抗。

不确定性规避（UAI）

不确定性规避是一个饶有趣味但明显违反直觉的因素，仅仅通过观察一群外国人的日常行为很难确定这个指数的值。在不确定性规避指数高的国家，未来高度不可预测是这个国家的人们有着深度不安感的原因之一。这就产生了控制现实的需要，也意味着对创新不那么热衷。不确定性规避指数低的国家的人们坦然接受不确定性，他们认为：有些事情是无法控制的，倒不如顺其自然。不确定性规避指数排名前列的国家是希腊、葡萄牙、危地马拉和乌拉圭，而得分最低的几个国家和地区是新加坡、牙买加、瑞典、丹麦和中国香港。在这些国家和地区，面对未来的不确定性，人们压力甚小，没有深忧。需要提及的是，不确定性规避指数高会导致人们不安，但不是恐惧。恐惧是一种有明确原因的情感，即我们在害怕某种东西，然而不安是没有来由的。

因为深层次的内部压力，不确定性规避指数高的国家表现出诸多令人纠结的社会现象。例如，有研究表明，不确定性规避指数和自杀率之间有很强的相关性。所以，在《全球幸福指数报告》中，不确定性规避指数高的国家得分较低也就不足为奇了。

在决策过程中，不确定性规避指数高的国家的人们会试图做出维持现状、不会导致重大变化的选择，因为变化就会带来不确定性，反过来又让决策者感到不安。

然而，控制现实的企图推动了质询法的采用，因为对某一形势的分析越深入，决策者就越感到安心。我们可以在采购决策过程中看到类似的机制。那些倾向规避不确定性的人会更喜欢从授权经销商和商店购买新商品，并且雇用专业人士从事需要专业技能的工作，这样行事会让他们感到放心。在不确定性规避指数低的国家和地区，二手商品市场要活跃得多，许多人会尝试自己动手，对房子做一些修修补补的活儿（当然，当他们最终认识到自己确实笨手笨脚时，还是会去雇用专业人士）。这一指数及其对决策的影响，也影响着重大创新的传播速度：在不确定性规避指数较低的国家和地区，创新事物的传播速度要快得多，因此这些地方的人们也更乐于尝试新事物。手机、互联网、网上银行和手机银行等新技术的发展和应用很好地说明了这一点。

在公司层面，情况甚至更有趣。

构建和塑造组织文化的机制几乎与构建和塑造国家文化的机制相同，每个公司都形成了它们自己的不成文的方式来应对吉尔特·霍夫斯泰德团队所描述的几个维度。在一些公司，决策通常由管理层最高层做出，而其他公司则倾向于权力下放。有些公司文化奉行“不上即下”的政策，而另一些公司则允许员工整个职业生涯都在一个职位上。有些公司以极其谨慎和严谨的方式进行规划和预测，还有一些公司采取一种适意的、一成不变的牙买加式处世态度，相信事件总会有办法解决的，无须担心。有些公司认为团队合作至关重要，还有一些公司却着力培养核心员工。每个组织都有自己的氛围和自己看待世界的方式，从而形成自己独特的态度和行为。

但是，组织文化的形成原因和国家文化略有不同。公司的宗旨及它在市场竞争中的位置，对组织文化的形成起着极其重要的作用，因为它深知差异化的必要性，这种差异化就形成了我们的许多行为。卓越的客户服务、超低的价格、高质量的产品或服务——所有这些特质都会影响员工对彼此的态度和对市场环境的态度。用来鼓励员工遵从组织文化行事的激励工具也略有不同，公司有大量惩罚和奖励措施可供支配。那些行为符合公司期望的员工不仅可以获得经济奖励，还可以获得晋升机会。那些不遵循这些成文或不成文的文化规则的员工会发现他们的薪酬更低，甚至在极端情况下，会被排除在这个组织之外——换句话说，就是被解雇。

就国家文化而言，唯一的奖励或惩罚是属于这个特定群体的归属感，或者不属于这个特定群体的孤立感。有趣的是，大多数公司都孜孜于追求员工的归属感（我们的员工干劲十足，仅仅是因为他们受雇于我）。与此同时，还保留了一整套威慑手段（如果你不努力工作，就得扣奖金）……尽管存在这些差异，但组织文化就像国家文化一样，对决策过程有重大影响。

事实上，组织文化对决策过程的影响是《波斯公主选驸马》的关键主题之一。我试图分析领导者的态度和一些关键时刻，观察团队的行为，讨论一个组织该如何面对新常态，并向员工灌输应对混乱无序的世界的新方法。在做出商业决策时，组织文化是决定一个公司能力的基本力量之一。决策过程相信个人主义还是团队合作，愿意或不愿意采用质询决策法，决策过程表现大胆或胆怯，有无个人责任感，探究失败和成功原因的意愿以及风险倾向等现象都表现在组织文化中。

在商业中，最后一个因素风险倾向是非常重要的因素之一，罗布·霍尔和斯科特·费舍尔领导的珠穆朗玛峰探险队在这一点上表现得尤为突出。在这种极端情况下，因为要追求更大利润而尽量放宽可接受风险的范围，最终牺牲了安全，这种行为永远都是不可取的。与之相反的一个案例是 2010 年欧洲航空安全组织做出的决定，这个决定将风险降至最低，甚至可以说完全消除了风险，但后来证明这是一个非常错误的商业决策。设定可接受风险参数的能力是领导者的关键能力，但它可能会受到来自组织文化的巨大压力，可能会鼓励我们承担不必要的风险或过于谨慎。关键问题是我们不仅要保持客观，设置合适的风险限制，而且要有意识地塑造一种组织文化，提高所有员工的决策能力，并采用适当的方法促进这种组织文化的形成。

美国航空航天局付出很大的代价才认识到这一教训。

从美国国会的角度而言，上文提到的营救阿波罗 13 号飞行乘组艰苦卓绝的努力并不算成功。尽管结果差强人意，但国会仍然认为未能成功实现任务目标，并削减了美国航空航天局的预算。因此，美国航空航天局将目光投向一个大胆的新目标：继登月之后，征服太空的下一个里程碑将是建造轨道空间站，以促进对太空的进一步研究。1971 年，美国航空航天局向国会提交了这个项目并编制了预算，但国会对项目所需的金额震惊不已，于是拒绝了这项提案。为了获得财务上的支持，美国航空航天局决定采用萨拉米香肠战术，将总预算分摊到建造空间站的各个阶段，逐步获得资金。第一阶段是建造航天飞机，其任务是将空间站的各部分相继送入轨道。这一策略很成功：国会批准了空间运输系统计划，该计划于 1972 年 1 月 5 日正式启动。理查德·尼克松（Richard Nixon）总统提出将航天飞机作为一种廉价、常规的太空旅行方式。在后来 10 年里，美国航空航天局一直在努力实现这一大胆设想。

航天飞机原型被命名为企业号（以纪念《星际迷航》中的宇宙飞船），1977 年它完成了第一次试飞，目的是练习降落机动动作。根据这些试验得到的数据，美国航空航天局建造了第一架多功能航天飞机。这架航天飞机代号 OV-102，即众所周知的哥伦比亚号，处女航定于 1978 年的某日。经历了一连串的延误之后，具有历史意义的第一次飞行任务（STS-1）的实际发射时间定于 1981 年 4 月 12 日 12 时整，飞行乘组包括约翰·杨（John Young）和罗伯特·克里平（Robert Crippen）两人。这次飞行将持续 2 天 6 小时 21 分钟，哥伦比亚号绕地球飞行了 37 次。最后降落在爱德华兹空军基地，一切顺利。

当时任美国总统的罗纳德·里根（Ronald Reagan）在欢迎飞行乘组返回地球时发表了讲话，他在讲话中宣布："空间运输系统计划的首要任务是促成该系统全面运行，并成为具有成本效益的常规太空旅行方式。"然而许多专家认为，乘坐航天飞机是一个巨大的挑战，甚至比 12 年前的登月计划还要困难，他们对里根总统将建造很多商业航天飞机的讲话持怀疑态度。

在接下来的数年里，美国航空航天局竭尽全力地实现里根总统的承诺。继哥伦比亚号之后，1982 年，挑战者号航天飞机投入使用，几年之后又发射了发现号和亚特兰蒂斯号。航天飞机发射任务越来越频繁，到 1986 年 1 月中旬，共执行了 24 次发射任务。执行第 25 次飞行任务（STS-51-L）的是挑战者号，但由于技术原因多次被推迟。对美国航空航天局来说，形势很棘手，因为就在挑战者号任务预定发射日期之前，他们已经创造了一个比较尴尬的纪录：哥伦比亚号的发射推迟了 7 次，任务推迟了 25 天。媒体借用哥伦比亚号的问题，对美国航空航天局极尽揶揄之能事，如"又一次完美的发射，证明对'挑战者'号来说是一个极大的挑战。"挑战者号新的发射日期终于确定，定于 1 月 27 日，但是厄运又一次降临：外部舱门受损。发射又一次推迟，被安排在第二天。当地时间 1 月 28 日 11 时 38 分，挑战者号航天飞机最终离开发射塔，开始执行任务。

在 1 月 23 日 13 时左右，美国航空航天局收到了一份不太乐观的天气预报。天气预报显示佛罗里达州的温度最近异常低，在发射前一天晚上将低至 -5 摄氏度。

发射当日中午之前的气温预计在0摄氏度到5摄氏度之间。航天飞机从未在如此低的温度下起飞过，迄今为止的最低起飞温度是11摄氏度，起飞时间正好是1年前，也就是1985年1月。在STS-51-C发射任务中，用于将航天飞机送入轨道的固体火箭助推器上的隔离O形环连接元件失效。幸运的是，备用O形环仍然密封完好，防止了一场悲剧的发生。

拉里·威尔（Larry Wear）负责空间运输系统计划固体火箭助推器方面的工作，他联系到向美国航空航天局提供此助推器的莫顿·塞奥科公司，问了一个重要问题：如果发射时气温降低，会对火箭构成威胁吗？莫顿·塞奥科公司对这个问题严阵以待。罗伯特·艾柏林（Robert Ebeling）是该公司空间运输系统计划发射系统的负责人，他与公司的工程师和美国航空航天局的主要管理人员召开了两次电话会议。第2次电话会议在晚上8点15分召开，这次会议影响非常恶劣。美国航空航天局高层劳伦斯·马洛伊（Lawrence Mulloy）要求制造商提供发射建议。令他惊讶的是，工程师都强烈反对发射。莫顿·塞奥科公司副总裁乔·基尔米斯特（Joe Kilminster）告知马洛伊和其他相关人员，他不能保证O形环在如此低的温度下仍能工作。他引用了前一年的事件，当时O形环在11摄氏度时变得僵硬，所以他建议推迟发射任务。美国航空航天局勃然大怒。接下来是一番激烈的争论，其间马洛伊说出了那句具有决定性的话："天哪，贵公司到底想让我们什么时候再发射，难不成还要拖到明年4月吗？"科学与工程部的副主任乔治·哈迪（George Hardy）说，他对马洛伊的话感到震惊。然后基尔米斯特要求会议暂停。

在 30 分钟的休息时间里，莫顿 · 塞奥科公司的另一位副总裁杰里 · 梅森（Jerry Mason）说，“我们管理层必须做出决定”，这样就把塞奥科公司的工程师排除在决策流程之外，忽略了美国航空航天局工程师阿尼 · 汤普森（Arnie Thompson）和罗杰 · 布瓦乔利（Roger Boisjoly）的担忧和现有的问题。尽管如此，这些工程师仍然试图让其他人认识到问题的严重性。最后，他们进行了一次只有高级管理人员才能参加的表决，最终，先前的建议被推翻。美国航空航天局的管理层对这个结果当然很满意，莫顿 · 塞奥科公司为这次发射开了绿灯。

当天夜间，又出现一个问题。深夜 1 时 30 分检查发射设备的小组注意到，在发射塔表面、航天飞机本身以及助推器上都有大量的冰堆积。在清晨时分，又进行了第 2 次检查，基于检查结果，美国航空航天局联系了建造挑战者号的罗克韦尔公司。在这里，承包商的工程师再次表达了他们对天气的担忧，并建议推迟发射。任务管理小组经过投票后，决定继续发射程序。令该小组满意的是，在当地时间 11 时 25 分，倒计时开始，按照计划，发射在 11 时 38 分进行，此时气温只有 2 摄氏度。

挑战者号发射后 58 秒，右侧固体燃料火箭助推器的连接元件开始出现火舌，说明两个密封件都失效了。发射后 64 秒，液氢罐外壳着火，遥测数据显示罐内压力骤降，飞行乘组对正在上演的悲剧还一无所知。在第 68 秒时，任务控制中心和挑战者号指令长理查德 · 斯科比（Richard Scobee）进行了最后一次通话。

斯科比接受并确认了火箭加速的命令，但他本不应该执行这个命令。

在第73秒，连接右侧固体燃料火箭助推器和受损液氧罐的连接元件断开，严重扰乱火箭的飞行轨迹。由此产生的重力超过了20G，并将航天飞机撕裂。灾难发生在大约9英里的高度，当时挑战者号正以每小时超过1800英里的速度升空。

后来的分析表明，7名飞行乘组成员是有可能在最初的爆炸中幸存下来的。从爆炸瞬间的照片中可以看出，很明显船员舱并未受损，在与航天飞机其他部分分开后，仍继续爬升了几秒钟，然后以平缓的弧线向大海下落。航天飞机解体后，有3名宇航员的个人外出空气袋被激活。个人外出空气袋是在紧急情况下用于供应氧气的设备，激活它需要宇航员有意识的行动，不可能自发发生。但这不重要，因为不管有没有个人外出空气袋，当船员舱在爆炸后2分45秒内撞上水面时，整个飞行乘组都没有生还的机会。船员舱以大约每小时200英里的速度下落，与海洋的碰撞能产生大约200G的冲击力，在如此大的冲击力下，无论是强化铝质船员舱，还是宇航员本身，都无法幸免。

当时的里根总统立即成立了一个由前司法部长威廉·P.罗杰斯（William P. Rogers）领导的调查委员会，这个委员会的名字也一直被称为罗杰斯委员会。委员会调查的目的，同时也是他们的任务，是分析悲剧发生的原因，并提交一份详细的报告，其中包括避免今后发生类似事件的建议，所有这些工作都需要在120天内完成。该委员会由科技界泰斗人物组成，其中包括 1965 年诺贝尔物理学奖获得者理查德·费曼（Richard Feynman），宇航员尼尔·阿姆斯特朗，著名试飞员查尔斯·耶格尔（Charles Yeager），查尔斯·耶格尔在 1947 年突破了声障。

在媒体和公众的密切关注下，这些出类拔萃的专家在截止日期前完成了任务，按照总统的期望发布了调查报告。从一开始，这个项目就漏洞百出，有些问题更是不可思议。转折点出现在 1986 年 2 月 9 日，《纽约时报》在周日版头版刊登了一篇文章，标题是《美国国家航空航天局已经收到助推器可能酿成灾难的风险警告》。

一位熟知内情的美国航空航天局雇员匿名向记者透露了一个令人震惊的事实：至少从 1982 年起，美国航空航天局就已经知悉 O 形环的问题，并且一直忽视这个问题。一片喧嚣之中，罗杰斯委员会决定于 2 月 10 日召开一次非公开会议，与会者包括美国航空航天局负责固体燃料火箭助推器和 O 形环的管理人员和技术人员，以及承包商莫顿·塞奥科公司的人员。会后发布的信息反映出实际情况触目惊心的一面。发射前一天那次无耻的电话会议，以及美国航空航天局向工程师和莫顿·塞奥科公司管理层施加压力的内幕也公之于众。这些信息还还原出一些历史细节，揭示 O 形环问题可以追溯到 1977 年，也就是第一次航天飞机发射的 4 年前，差不多是挑战者号灾难发生的 10 年前。尽管知道问题的存在，美国航空航天局仍然没有采取任何行动来避免这场悲剧。

罗杰斯委员会于 1986 年 6 月 6 日发表的报告描述了导致这

场灾难的瞒天大错和技术缺陷，同时也指出发生错误的更深层次的原因：美国国家航空航天局决策过程存在缺陷。委员会特别强调，美国航空航天局的内部向高层上报问题的程序运转失灵，以及在信息沟通方面存在普遍性问题，从而使对问题进行更深入的分析变得不可能。这份报告没有点名批评，相反，它将挑战者号任务中 7 名宇航员死亡的责任归咎于整个机构。

挑战者号的悲剧几乎涵盖了本书中描述的所有经典决策错误，进行根本原因分析能揭示出关于悲剧原因的其他信息。

航天飞机发射条件正切合黑天鹅事件的定义——从未在如此低的温度下执行发射任务。所以，此次发射就超出了典型的风险管理范围，因为此时没有办法评估风险。美国航空航天局贸然采取其他航天机构没有尝试过的程序，去面对实实在在的不确定性。在这种情况下，质询决策法必不可少，同时还需要运用萨拉米香肠战术赢得时间，从而进行更全面的分析。推迟发射就足以应付这个黑天鹅事件（基本上只要等待几个小时，让气温升高即可），或者利用这个时间更全面地评估危险。不幸的是，美国航空航天局决定采用一种典型的商业导向的辩护决策法。他们竭力搜罗能证明在天气异常的情况下仍然可以安全发射的信息。他们引用了早期 O 形环受损，航天飞机仍然安全返回的案例（成为火鸡综合征的牺牲品）。体现其辩护决策法的另一点就是他们向莫顿·塞奥科公司工程师施加的压力，导致这些工程师只能违背意愿，接受任务控制中心的观点。

当我们使用根本原因分析法去理解悲剧的根本原因时，我们可以发现，对接连几个“为什么”的回答颇让人玩味。为什么像美国航空航天局管理层这样有经验又专业的人会犯下这样一个根本性错误？为什么几年前成功营救阿波罗 13 号飞行乘组的这个机构会在这次事件中失败得如此惨烈？为什么会允许在如此异常的天气条件下继续发射？为什么做出了这样错误的决策？罗杰斯委员会和其他调查灾难的团队都指出，连续的压力可能是美国航空航天局管理层做出错误决策的根本原因。

航天飞机项目（通常称之为空间运输系统计划）在立项之时，美国航空航天局正殚精竭虑地寻求资金，以维持它的运行。航天飞机是它在国会拒绝拨款建造轨道空间站后采取的妥协手段。美国航空航天局的基本论点是，轨道空间站的存在将使航天旅行成为常规需要，空间运输系统计划就有了商业意义。航天旅行将变得便捷且经济可行这一点，赢得了国会的支持。因此，对美国航空航天局来说，最重要的是遵守提交给国会的计划时间表，并为该项目争取到相关媒体的支持。这就导致它发展出一种非常危险的双重性质。它使用未经试验的技术，在高风险的条件下从事着极其困难的实验性项目，却试图向外界展示出一个商业机构的形象。但它的确按时兑现了承诺，取得了重大成绩。这样，风险就被低估。这种双重性质之间的鸿沟日益扩大，以至于到最后它忽略了最应该考虑的事情：宇航员的安全问题。

太空教师项目将成为美国航空航天局打造新形象的推动力量之一。作为该项目的一部分，该机构打算将第一批普通人送入太空，以证明太空旅行是一项平常且相对简单的任务。项目高潮阶段就是由一名教师乘坐航天飞机从太空授课，并向美国成千上万名学生直播。

里根总统于1984年宣布太空教师计划，引起了民众的巨大兴趣，多达1.1万名教师提交了申请。经过一系列医学和其他测试，1985年7月19日，一个特别委员会选择了来自新罕布什尔州的37岁的克丽斯塔·麦考利夫（Christa McAuliffe）。

按照初步计划，将于1986年1月22日星期三发射航天飞机，在飞行任务的第6天，即1月28日星期二开始上课。可发射延迟打乱了全部计划。如果航天飞机在1月28日发射，仍然有机会在1月31日星期五上课。如果发射再次推迟，时间和组织方面的限制将意味着上课一事不能实现。许多调查挑战者号灾难的专家指出这是影响最终决定的压力来源之一。

许多文章和评论关注到了更广泛的政治背景。1986年1月28日，里根总统将向全国发表年度国情咨文。总统非常期望能够在国情咨文中吹嘘一番太空探索计划的更多成就，包括计划好的太空课程。罗杰斯委员会没有发现有人对美国航空航天局施加直接压力的证据，但该机构的决策者对这种期望有清楚的认识，因此肯定会受到影响。

还有另一个重要的压力来源是媒体。美国航空航天局有作为商业实体的一面，所以必须保护自己在公众和国会眼中的形象，因为今后要想为自己的项目争取更多资金就依赖于这种形象。就在挑战者号的致命任务之前，哥伦比亚号的发射一再推迟，招致各方对美国航空航天局展开了铺天盖地的恶意批评。因此，当新的技术问题延误了挑战者号任务时，美国航空航天局发现自己又成了媒体的众矢之的。

在这种情况下，它迫切希望快点发射挑战者号来转移媒体的注意力。这种压力甚至深深地影响了管理团队中最有能力和最有经验的成员决策的客观性。

罗杰斯委员会的调查结果和结论令许多人瞠目结舌。这些专家在还原事实之后，得出了明确结论：挑战者号航天飞机的悲剧是完全可以避免的。当时美国航空航天局只需要一个足够有胆识、有权力的人说一句“不行，不要发射，因为我们以前没有遇到过这样的情况，权威专家对此都深怀忧惧”。但没人这么做。

对 1986 年 1 月发生的事件的分析以及不断深入地提出“为什么”，可以说明挑战者号灾难的种子在大约 16 年前，即 1970 年 4 月就已种下。那时，在吉恩·克兰兹团队为拯救阿波罗 13 号上的 3 名宇航员所做的英勇壮举之后，国会最终决定为这一事件惩罚美国航空航天局，拒绝为其项目提供更多资金。受国会决定的影响，美国航空航天局不知不觉从研发运作模式转向完全商业化的运作模式。因此，当工程师和管理层乃至整个机构面临的优先事项发生变化时，对他们的要求也就不同以往。所有员工必须改变他们的工作态度和方式，就这样，在接下来的十几年里，这个机构的组织文化全面溃败，最后与它从事的工作的性质已经完全不相称。就像罗布·霍尔和斯科特·费舍尔的探险队一样，以完全商业的角度去对待极其危险的探险，推动人们愿意接受越来越高的风险。最终在当地时间 1986 年 1 月 28 日 11 时 38 分，这种无意识机制夺去了 7 个人的性命。

可悲的是，这并不是这个可怕故事的结局。

你可能会认为，如此大的打击对这个组织来说是一种警醒，他们会对自己的项目管理方式进行深刻反思并做出根本性改变，再也不会犯下类似错误。然而令人难以置信的是，事情并非如此。

挑战者号灾难发生后，空间运输系统计划停置了两年半。在此期间，美国航空航天局对悲剧的原因进行了调查，随后落实了罗杰斯委员会建议的 9 项改革。尽管采取了这些行动，但它的文化和财务模式并没有改变。

20 世纪 90 年代，美国航空航天局一直在与两个基本问题抗争。首先，苏联解体后，美国航空航天局的许多项目因为军事上可能再无用武之地，导致它们的重要性被大大削弱。国会对美国航空航天局也越来越吝啬，进而切断了它的资金流。其次，预算限制和管理不当导致建造轨道空间站这个旗舰项目越来越落后于既定计划，令政府、媒体，当然还有美国航空航天局管理层越来越恼火。这就形成了一个恶性循环，一个如假包换的“第 22 条军规”。由于缺乏资金，所以项目进度落后，因此成为国会减少拨款的有力把柄，而减少拨款使项目更加落后于进度，如此循环。连续两届局长丹尼尔·戈尔丁（Daniel Goldin）和肖恩·奥基夫（Sean O’Keefe）都绞尽脑汁地尽力解决预算的难题。

为了节省开支，美国航空航天局与欧洲航天局（ESA）以及俄罗斯、日本建立了伙伴关系，它们都参与了美国航空航天局的项目。

戈尔丁和奥基夫在担任局长期间，给该机构员工的压力越来越大。1992 年 4 月戈尔丁上任时说，如果美国航空航天局的预算被削减，他们只能做一件事，那就是必须而且应该竭尽全力地把太空旅行的成本降低到原来的百分之一，同时把太空旅行的可靠性提高 1 万倍。美国航空航天局的口号是“更快、更好、更便宜”，事实上，戈尔丁在削减成本方面的确成绩显著。“更快、更好、更便宜”逐渐成了影响美国航空航天局管理层决策和行动的信条。2001 年 12 月接替戈尔丁的奥基夫也强调了按进度推进项目的重要性。他告诉各部门负责人，他们至少需要确定一个日期，要保证在这个日期之前把某些部件送到空间站。詹姆斯·哈洛克（James Hallock）博士是研究美国航空航天局在此期间运作情况的专家，他指出他们的目标和目标实现的可能性之间存在危险的差距。根据他的计算，严格按照现任局长制订的进度表落实该项目，在可预见的未来，美国航空航天局每年至少需要成功发射航天飞机 5 次。但问题是，每年成功发射 5 次是一个巨大的挑战，在空间运输系统计划的生命周期中，有时每年只能完成 2 到 3 次发射任务。

因此，美国航空航天局进入 2000 年时，几乎没有采取任何措施来改变它的组织文化。该机构变得越来越商业化，越来越要求其雇员服从，并坚持要求他们严格地各司其职。于是他们不得不把财务数据、项目进度和公众形象置于至高无上的地位。

未能从挑战者号的悲剧中真正吸取教训，加上组织文化完全没有进行相应的改变，对项目进度的强调以及以结果为导向带来的压力越来越大，这些共同埋下了一颗定时炸弹。

这颗炸弹最终在 2003 年爆炸。那一年的第一次任务由服役时间最长的哥伦比亚号航天飞机执行，任务代号 STS-107，飞行乘组共 7 人，里克·赫斯本德担任指令长。这次任务的目的是进行一系列实验，其中有些实验在太空生活舱的运输舱内进行。由于技术问题，这次的发射也延误了几次。哥伦比亚号于 2003 年 1 月 16 日升空，比预定时间晚了 5 天。发射时情况一切良好，但对飞行初始阶段拍摄的记录进行分析后，发现当时存在一个令人不安的异常现象。哥伦比亚号发射 82 秒后，一块 1 磅（约 0.5 千克）重的隔离泡沫碎片脱落，击中了航天飞机左翼的前缘。这一事件发生在将近 12.5 英里的高空，当时哥伦比亚号正以每小时近 1900 英里的速度飞行。泡沫撞击是一个无可争议的事实，摄像机清楚地记录了下来。碎片评估小组（DAT）的工程师很担心，经过内部讨论后，他们向琳达·哈姆（Linda Ham）领导的任务控制中心报告了相关情况。管理层的反应令人吃惊：碎片评估小组的报告并没有引起他们的警觉，他们似乎认为这个问题无关紧要。管理层提出了 3 个论点。首先，工程师没有确凿的数据证明机翼已经产生实质性损坏。其次，这种问题以前也发生过，但并没有造成严重后果。甚至有资深雇员指出，STS-7、STS-27、STS-32、STS-50、STS-52 和 STS-62 等任务中，也发生过隔离泡沫从火箭助推器上脱落的情况。管理层的最后一个论点让人瞠目结舌。据报道，哈姆在与工程师交谈时表示，这一事故不是他们要考虑的因素，因为即使泡沫已经破坏机翼，他们也无能为力。面对管理层的理由，工程师们最终让步了。他们试图用计算机模拟来说明风险的存在，但是他们不能明确证明泡沫的确已经造成了损害。

哥伦比亚号任务总共持续了 16 天。2003 年 2 月 1 日，航天飞机开始准备在爱德华兹空军基地着陆。当日 8 时 10 分，航天飞机指令长得到返航飞行控制小组的许可，开始进行返航操作。34 分钟后，航天飞机返回地球大气层，机体表面因摩擦而升温。5 分钟之内，温度已经超过了 982 摄氏度，这在返回大气层时属正常现象。8 时 53 分，哥伦比亚号以 23 马赫的速度，超过 43 英里的高度飞越加利福尼亚海岸。机体表面在 1454 摄氏度下发红热光，比正常温度低了大约 500 摄氏度。大约 5 分钟后，航天飞机开始解体，受到撞击而损坏的陶瓷阻热瓦开始脱落。安装陶瓷阻热瓦的目的是保护航天飞机和宇航员免受重返大气层时产生的高温所带来的伤害。1 分钟后，着陆控制小组警告航天飞机指令长，他们丢失了受损机翼传感器的遥测数据。就在当日 8 时 59 分 32 秒，里克·赫斯本德回复任务控制中心："知道，但是……"

话还没说完信号就中断了，其他遥测数据也停止传送。

就像挑战者号的灾难一样，此次事故也成立了调查委员会，即哥伦比亚号事故调查委员会（CAIB），负责全面分析事故，找到悲剧发生的原因。调查委员会的做法也和 17 年前一样，专家突出强调了两个领域的问题。哥伦比亚号事故的直接技术原因显然是隔热泡沫损坏了机翼上的陶瓷阻热瓦，导致机翼重返大气层时没有绝热保护。第二个原因是管理和组织方面出现了问题。正如调查委员会成员杜安·迪尔（Duane Deal）将军所说："当隔热泡沫出现问题时，美国航空航天局却没有及时纠正。"

调查委员会发布的报告长达数百页，是我见过的关于决策惰性、逃避责任、劣性组织文化和领导者缺位方面最令人震惊的研究之一。在哥伦比亚号任务中杀死那些宇航员的机制，与导致挑战者号任务发生悲剧的机制并无二致。这意味着美国航空航天局起码可以在两个方面做出努力，避免事故发生：要么从1986年的事故中吸取教训，对空间运输系统计划的决策程序进行切实改革；鉴于这一点在事故发生前没有完成，要么，在哥伦比亚号留在轨道的16天内，借鉴挑战者号悲剧的调查结果。调查委员会专家没有拐弯抹角，他们直接指出，与挑战者号的悲剧不同，当时挑战者号从发射塔升空后，任何人都已无能为力，而在哥伦比亚号的事故中，美国航空航天局还有两个多星期的时间营救飞行乘组人员。如果管理层能进入质询模式，并认识到他们正在处理一个需要采取非常规、不可预见的举措来解决的严重问题，那么这7个人可能已经获救。如果美国航空航天局能保留哪怕一丁点吉恩·克兰兹团队在1970年展示出来的态度和行为，这7个人也可能幸存下来。

调查委员会的报告结果可以分为几大类，契合到目前为止我所描述的那些经典决策错误。

错误的决策模式

第一组错误集中在如何处理隔热泡沫撞击机翼这一意外事件上。这显然是一个黑天鹅事件，因为此前虽然泡沫也脱落过，但从未撞击过机翼前缘。

碎片评估小组工程师试图进入质询模式，他们要求查看机翼的照片以评估陶瓷阻热瓦的状况以及损坏情况，但是他们的要求被任务控制中心回绝了。管理层无视威胁的存在，只接受那些能证明继续执行任务是安全的信息，他们甚至在争论中援引以前的发射经验（火鸡综合征）。

然而值得注意的是，即使是忧心忡忡的碎片评估小组的工程师也未能完全进入质询模式。正如他们在调查期间所说的证词，他们面临的基本问题是缺乏证据证明威胁的存在。工程师手头有一些数据记录，甚至可以进行计算机模拟，但无法向管理层证明威胁确实存在。在他们的请求接连被拒绝 3 次后，他们也放弃了寻找证据。与此同时，调查委员会的调查结果显示，工程师至少可以从两个来源获得自己所需的必要数据。首先，使用质询法，对航天飞机的结构参数进行细致分析就足以获得相关数据。调查委员会成员詹姆斯·哈洛克（James Hallock）博士正因如此才发现了一些惊人的数据。陶瓷阻热瓦非常易碎：它们只能承受一支铅笔从 6 英寸高的地方下落击中机翼时所产生的力量。可以想象，一块 1 磅重的隔热泡沫以超过每小时 500 英里的相对速度与航天飞机撞击，会造成多大损坏。其次，可以通过最简单的试验来证明这种威胁的存在，例如调查委员会进行的试验。他们从美国航空航天局库房中取出一个备用机翼，用同样的速度向其射出一块类似的泡沫，基本上复制了发射过程中发生的情况。测试结果令人震惊——泡沫不仅损坏了陶瓷阻热瓦，甚至还在机翼上留下了一个洞。

1996 年的诺贝尔奖得主道格拉斯・D. 奥谢罗夫（Douglas D. Osheroff）进行了一项更简单的测试，他在自己家的厨房里测试这种泡沫。他证明只要在高温高压下，这种泡沫就会剥落，所以工程师们本可以在早期以一种非常简单的方式，证明这种情况在发射过程中会带来什么样的风险。这一切都显示了组织文化的力量。事实证明，不仅仅是志在继续任务的管理层放弃了质询模式，对宇航员安全承担很大责任的工程师也犯下了同样的错误。调查委员会的调查结果清楚地表明，碎片评估小组手头有简单的工具和解决方案，他们可以利用这些工具和解决方案向管理层反映问题，并设法想出一种不同的解决方法。

难怪人们常说，任何行业中，最能扼杀创造力和创新的东西，莫过于遵守现有计划和推进项目进度的压力，以及只关注盈亏的压力。

缺乏团队合作和心理安全感

在碎片评估小组工程师的证词中，还有一个问题值得深思。当被问及为何不试着向任务控制中心施加更大压力时，碎片评估小组负责人罗德尼・罗查（Rodney Rocha）表示，他在公司的职位太低，无法质疑上司的任何决定。

一个对任务安全至关重要的团队的负责人会觉得自己地位低下，以至于害怕向任务控制中心公开表达自己的意见，这相当令人震惊。1970 年，美国航空航天局内部还存在着公开讨论和尊重专业精神的组织文化。这个机构后来怎么就变成了一个有能力、有经验的员工不敢和上级公开交流的地方了呢？而且，这位员工对宇航员的安全而言至关重要。

前宇航员詹姆斯・巴格安（James Bagian）直言不讳，到了 20 世纪 90 年代，美国航空航天局不能容忍内部出现歧见，所以员工们都知道，要想在这个组织中生存下来，必须保持缄默。托拉里・德登（Torarie Durden）是其中一个专家组的成员，他也公开表示，美国航空航天局向工作人员施加了很大的压力，要求他们无论付出什么代价，必须严格保证工期。

毫无疑问，美国航空航天局未能建设一个保证员工心理安全的工作环境。多年来，在各个级别的员工中已经悄无声息地形成了一种服从文化。管理层只期望按照项目进度完成任务，要求项目具有成本效益。任何挑战这一点的团队或个人都会逐渐被排挤出项目组，这样就不会有人提出出格的想法扰乱机构的计划。对管理层而言，碎片评估小组就是挑刺的，该小组迫使他们重新审视先入为主的乐观估计，这反过来导致工程师被排除在风险评估过程之外（就像 1986 年排挤莫顿・塞奥科公司的专家一样）。后来，在 20 世纪 90 年代美国航空航天局组织架构的变革中，碎片评估小组的地位沦落到飞行控制员之下，而此前他们是平起平坐的。

领导者缺位

即使在这样一个问题重重的组织结构中，鼓励讨论仍然大有裨益，尤其是当讨论对决策过程的质量至关重要的时候。约翰·F.肯尼迪成立执行委员会这一举动就堪称典范。要做到这一点，必须有一位出类拔萃的领导者。他对威胁和风险要有敏锐的嗅觉，同时具备相当的胆识，以应对古板的环境或文化成见，并摒弃常规做法。肯尼迪就是这样一个人，吉恩·克兰兹也是。

彼得·德鲁克（Peter Drucker）说过："管理是正确地做事，领导是做正确的事。"因此，我们有理由断定：2003 年的美国航空航天局不缺优秀的管理者，缺的是真正的领导者。管理层努力正确地做事，按时完工并交付预期的成果。然而，根据德鲁克的定义，在关键时刻，当正确的决策至关重要时，这里没有人能够表现出真正的领导力。

哥伦比亚号任务飞行指挥官琳达·哈姆，在美国航空航天局有着非常出色的职业生涯。她 21 岁就因天姿出众、精明强干被招揽进该机构。哈姆通过艰苦卓绝的努力，在仕途上平步青云：到 1991 年 5 月，她成为美国航空航天局历史上第一位指挥航天飞行的女性指挥官，不到一年，又成为 STS-45 任务的飞行指挥官。哈姆在同事中的风评比较两极化。没有人会质疑她的能力或决策时的果敢决断，但也有人指出她相当专断。

在哥伦比亚号任务期间，哈姆做出的一系列决策，在后来的调查委员会报告中受到了严厉批评。其中最严重的错误，是无视并否决了碎片评估小组工程师的意见，拒绝了工程师使用军用卫星拍摄机翼照片的要求，并在团队中培养出一种消极的态度，导致下级无法纠正她的错误。不过，将任务控制中心与负责飞行安全的工程师隔离开来，这个问题一直存在，团队之间的沟通不通畅也是老问题。这些都不是哥伦比亚号事故特有的问题。沟通不通畅也源于美国航空航天局领导者缺位，从琳达·哈姆和一名调查委员会成员之间的简短交流便可见一斑：

调查委员会："作为管理者，你如何寻求异议？"

哈姆："我听人谈及，就知道了……"

调查委员会："但是，琳达，既然是异议，你就有可能不会听到。"

哈姆："那就等有人站出来告诉我。"

调查委员会："但是，琳达，你用什么方法让别人告诉你呢？"

琳达·哈姆没有回答这个问题，整个房间陷入了沉默。

调查委员会的最终报告发布后，哈姆受到媒体还有一些政治家和公众的公开批评，无论是从个人角度还是从职业角度，她都付出了沉重的代价。2003 年，她被降职并调到科罗拉多州戈尔登市的国家可再生能源实验室；同年，她与宇航员肯尼斯·哈姆（Kenneth Ham）离婚。哈姆在接受当地报纸的采访时，分析了她在哥伦比亚号任务中的角色，她承认：“如果有人说美国航空航天局的组织文化有问题，我承认，我就是问题的一部分。我21岁加入美国航空航天局，为它服务了21年。所以，除了我的出生地威斯康星州，美国航空航天局就是我的全部。”

事实是，飞行控制中心做出了一系列错误的决策，这些决策也只不过在重蹈早些年的覆辙。一些决策、态度和行为上的问题非常突出。然而，考虑到美国航空航天局的历史，以及多年来形成的组织文化压力系统，我们很难将责任归咎于某一个人。调查委员会成员黛安·沃恩（Diane Vaughan）指出，美国航空航天局的问题既是一个组织文化问题，也是一个结构性问题，如果它的文化和结构不变，任何加入该机构的个人都不可避免地会采取与其他同事相同的行事方式。

我认为这些语言简单明了地表达出美国航空航天局问题的实质。那些管理岗位上的员工要么是在美国航空航天局的特定文化中成长起来的，因此不能成为文化变革的推动者，例如琳达·哈姆，要么就是很快地接受了这个组织的主导决策和风险管理的方式以及它的行为方式，所以人事变动并不能带来实质性的变革。更糟糕的是，领导者缺位问题不仅影响了美国航空航天局，还反映出在这个泱泱大国，没有一个人认识到对美国航空航天局的发展没有清晰的构想所蕴藏着的风险（自肯尼迪时代以来，没有人为该机构设定长期目标），国会或历届联邦政府中无一人看到这个机构的组织文化堕落中潜藏的危机。强调项目进度和持续削减预算的双重压力意味着金钱比宇航员的安全更重要。因此，这里没有真正的领导者。

调查委员会的最终报告中有一个关键段落说明了各种因素是如何综合作用，最后创造出一个滋生恶性决策的理想环境：这起事故组织方面的原因植根于航天飞机项目的历史和文化，包括最初为航天飞机计划审批所做的妥协，随后几年资源上的诸多掣肘，重点项目不断变更，项目进度压力，误将航天飞机视为运营项目而非研发项目，以及国家层面缺乏共识性愿景。纵容不利于安全性和可靠性的文化特征和组织实践得以发展，包括：依赖过去的成功，罔顾良好的工程实践……阻碍关键安全信息有效沟通的组织障碍……缺乏对所有项目要素的集成管理。

杜安·迪尔将军在一份声明中表达了他对美国航空航天局前途的担忧，其中包括美国航空航天局没有改革的意愿，这是该机构早年就有的典型特征，深深植根于它的文化之中：历史表明，美国航空航天局经常对非常合理的建议置之不理。考虑到它的这种顽固不化，如果它未能从组织文化上做出改变就认为它会认真对待别人的意见，那就过于乐观了。

然而，在接下来的几年里，美国航空航天局竭力想证明迪尔将军在这一点上是错误的，并且他的担心没有任何根据。哥伦比亚号悲剧发生后，该机构选择将其运营活动完全公开透明，包括向外界传达组织文化的改革进程。这一改革的目的很简单：保持其作为商业组织运作的积极方面，同时复兴阿波罗 13 号时代的组织文化的态度和行为，从根本上提高飞行安全水平。在改革组织文化的同时，也响应调查委员会的建议，实施重要的结构改革。戈达德中心主管阿尔伯特·迪亚兹（Albert Diaz）领导的外部小组对需要变革的领域进行了初步审查。迪亚兹的小组强调以下7个关键问题是重点改革对象：领导力、学习、沟通、流程和规则、技术能力、组织结构以及风险管理。

为了充分了解本机构的总体情况，以及员工和承包商的想法，美国航空航天局还雇用行为科学技术解决方案咨询公司（BST），要求他们对组织文化和员工的想法进行详细分析，并检查员工和承包商对本机构安全、诚信、团队合作和卓越这4个核心价值观的理解程度。它还期望该咨询公司提出2004年至2009年的具体组织改革方案。

该咨询公司在最终报告中公布了该项目的结果，问题令人触目惊心。事实证明，在员工眼中，该组织的长期价值观已经被商业运作的压力扭曲。例如，员工承认安全问题在组织内是常见问题，但关于这个问题的交流非常抽象，管理层很少关注具体的解决方案。换句话说，光说不做。同样，诚信被视为一个纯粹的理论问题，没有落实到该组织日常运营的其他领域，比如提高管理质量、重塑决策过程或改善信息流动等等。因此，公开交流的水平受到阻滞也就不足为奇了：员工可以舒适地与地位平等的同事交谈，但该组织的长官并不鼓励公开交流，尤其是针对组织内部问题和风险之类的不便谈及的真相，就更是如此。

沟通问题似乎无处不在，对美国航空航天局管理层和各个中心（包括兰利和艾姆斯研究中心、戈达德太空飞行中心、肯尼迪航天中心和约翰逊航天中心）之间信息交流质量的众多评估结果都很负面，甚至像“团队合作”这样的价值观对他们来说也变得毫无意义。

美国航空航天局的员工明确指出这一点：“没有人拿我们当专家，这个组织既不重视也不尊重我们。”从这一点上，咨询公司专家揭示了该组织存在一种危险的分裂现象：美国航空航天局员工觉得自己只是在工作而已，和所在单位没有关系。他们相信：“我得做好自己的工作（参与整个流程的一部分），但对全局形势并没有兴趣，我干我自己的，其他的问题有其他人操心”。这种观念导致他们对确保事业最终能够取得成功的责任感慢慢消退。在支持职能部门方面，情况甚至更糟。对于这些职能对最终结果所造成的影响，他们完全没有宏大的视野或理解。

另一个问题是，没有明确界定分包商在决策中的作用。美国航空航天局的技术人员认为，就任务的安全性而言，分包商及他们的意见非常关键。不幸的是，该组织的管理层从未建立一个外部公司代表参与问题分析过程的长效机制，就算他们参与进来，也都是因为发生意外而采取的临时性措施。分包商的意见只有在符合该组织管理层的意图时才会被考虑，挑战者号发射前一天，管理层与莫顿·塞奥科公司那场臭名昭著的对话便是如此。

咨询公司专家和调查委员会成员一样，指出该组织的历史是造成这种情况的直接原因，并塑造了该组织的主导性文化和决策方法。此外，专家还批评了美国航空航天局的领导者缺位（或者说在很多领域缺乏优秀的领导）问题，对美国航空航天局的主要指责集中在两个方面：下层员工面临越来越大的时间压力，导致他们对形势分析和安全问题越来越不感兴趣，那些表达出对某些问题的担忧的员工发现他们必须证明其中存在的问题，而不是提供问题不存在的证据；领导层没有遵循美国航空航天局的内部程序。

咨询公司专家建议该组织实施一项长期的大规模的文化转型计划，包括采取行动重启航天飞机项目，这个项目在哥伦比亚号事故后就暂停了。然而，美国航空航天局内部人员及其他无切实利益关系的旁观者们都认为，要想彻底改变员工的态度，尤其是改变管理层的态度这一首要目标，似乎不太可能。

美国航空航天局落实了咨询公司的大部分建议，包括为管理层提供不确定形势下风险管理和决策方面的严格培训；为任务管理关键人员提供360度的全面反馈；建立长期的领导力发展计划，并引入基于行为能力的员工评估系统。此外，以前与美国航空航天局一直保持一定距离的分包商也参与了许多决策。该组织内部进行了一系列的结构改革，反映出对任务安全问题的日益重视。

工程师地位提升，强化了对安全问题的重视。这促使美国航空航天局内部对事件的分析更深入，下属各单位之间信息交流更通畅。另外，还落实了安全和任务保证、项目分析和评估、项目和机构整合以及总工程师直接向局长办公室报告等措施。这些改革从根本上提高了专家的地位，使他们能够在更大程度上参与问题讨论，对决策者产生更大的影响。

咨询公司还引入了 5 条操作规则以指导美国航空航天局的员工和承包商。这些原则描述了组织文化的目标：

1. 鼓励公开清晰的沟通，并将这种沟通模式化

该组织各级人员都必须致力于实现整个组织内部信息自由且畅通无阻的流动。这要求员工有勇气质疑各种假设，愿意反映看似显而易见的问题，愿意主动倾听和学习。它是一种集体采取质询态度的价值观，这种价值观不因担心受责而遭到干扰。公开清晰的沟通意味着人们在反映问题时不会受到恐吓或报复。

2. 严格基于事实的判断是决策的唯一基础

可靠的分析、判断和决策流程必须在没有认知偏差的情况下完美执行。信心只能建立在正确理解符合安全性和可靠性标准的数据之上。……决策者应理解存在认知偏差的问题，领导者应认识到认知偏差是决策的重要影响因素，并竭力消除认知偏差。决策是基于有科学根据的风险评估。

3. 每个人承担各自的责任

每个人都有责任在工作及工作方式中维护一种重视安全问题的文化。每个人都对自己所参与的每一项任务的安全有一种责任感和主人翁精神，并据此行动。不可臆测别人会去处理你的问题。每个人都应全力追求长期性成功和短期性成功，安全问题是其中不可或缺的一部分。

4. 我们都认同需要将技术能力和管理能力融会贯通

我们要求自己在工作的各个方面都要卓越出众。我们认为将技术能力和管理能力融会贯通才会带来最优的安全性，整合项目管理的所有因素才能实现任务的成功。这些因素包括安全、工程、成本、进度、跨越职能部门和不分组织内外的协作。

5. 个人责任是高度可靠性的基础

任务安全依赖行为实践，而不仅仅是言谈。我们的信誉建立在言行一致的基础上，所有程序、价值观、目标和计划只有在得到可靠执行的情况下才有意义。我们将在管理实践和技术工作中设定新的、完美的执行标准，每个人都有责任按标准行事。

咨询公司的材料中有一小段文字非常恰当地概括了美国航空航天局业务运营的多面性：

“要在一个规模庞大、权力分散及地理分散的机构中实现组织文化的变革，需要上级机构领导的坚持不懈和强有力支持。文化影响是系统性的，涉及整个机构，因此，文化转型需要从系统和整个机构的角度着眼。

具体来说，要以一种前所未有的、全面的眼光去思考高级管理层在协作精神、专注态度、开放态度、团队合作和纪律要求上的表现。许多根深蒂固的组织系统和流程都需要改革。领导态度、信念和行为都需要进行重大变革，而良好的管理实践将比以往任何时候都更加重要。”

在提出各种措施之后，咨询公司进行了一次追踪审查，结果表明美国航空航天局的组织文化朝着预期的方向发生了明显变化。

在哥伦比亚号事故发生后头两年半的时间里，美国航空航天局几乎全部落实了调查委员会最终报告建议的 15 项改革措施，这是恢复航天飞机发射的条件之一。其中 12 项改革措施得到了充分的落实，而且超出专家的预期。至于剩下的 3 项，美国航空航天局承认，由于时间限制，他们在这几个方面没有取得很大进展。2005 年 7 月 26 日，发现号航天飞机获准发射，这是自哥伦比亚号悲剧以来的首次任务。它成功、安全地完成了为期 2 周的飞行。

在哥伦比亚号任务期间，罗德尼·罗查（Rodney Rocha）也感受到了美国航空航天局组织文化的变化。罗德尼 · 罗查是碎片评估小组工程师负责人，他曾强烈要求对存在的问题进行深入分析，以评估飞行乘组的安危。他在 2005 年接受《纽约时报》采访时表示：“我们有了发言权。工程部门比以往任何时候都要独立、自信，在你面前也是如此。”

更换美国航空航天局局长也有一定的意义。2005 年 4 月 13 日，迈克尔 · 道格拉斯 · 格里芬（Michael Douglas Griffin）接替奥基夫担任局长一职。他的首要任务就是重新定义美国航空航天局的愿景，为该机构设定一个长期目标。这是他优先任务上的一个非常重要的转变，因为自从登月计划以来，该组织就没有了宏大的愿景，而且其运作日益商业化，注重小细节，看不到大局。格里芬的继任者，尤其是于 2009 年 7 月 17 日至 2017 年 1 月 20 日担任局长的小查理·F. 博尔登（Charles F. Bolden, Jr.），继承了这一战略。

规则 11

永远不要停止塑造组织文化。在我们想要做出正确决策时，它可能是我们最强大的盟友，也可能是我们最凶恶的敌人。

美国航空航天局的历史表明，组织文化对当权者决策质量的高低发挥着非常重要的作用。在前面的章节中，我们研究了从个人和团队两个层面改进决策过程的方法，但是我们必须始终记住，第三个层面可能才是最重要的：决策者浸润其中的组织文化以及他们所面临的环境压力。美国航空航天局的故事提供了一个灾难发生后应对不当的悲剧性案例。尽管罗杰斯委员会在挑战者号悲剧后提出了一系列建议，但美国航空航天局的组织文化并没有发生任何改变。如果我们在进行根本原因分析后的几年里，不能坚持执行由此提出的建议以及监测这些建议的执行，那么再完美的根本原因分析也毫无意义。最终的结果将和美国航空航天局一样：同样的机制、忽视黑天鹅事件、未能应用质询法、沉醉于过去的成功、缺乏团体精神以及缺乏领导力，从而不可避免地导致另一场灾难发生。

我曾经有幸担任过一家公司的顾问，当时这个客户正疲于应对一个类似的问题。该公司成立多年，已成为它所在行业的市场领导者，但该公司一直处于野蛮生长的状态，其组织文化没有得到相应的发展。该公司不仅增加员工、建立新部门、引进新系统，而且各种程序更加烦琐，董事会认为只要增加报告或者报表，公司就能继续快速发展。然而，随着时间的推移，这个策略开始出现一些问题，当然，还不至于损害到公司的市场地位。但是公司的内部冲突日益严重，公司最高层的干预越来越多，耗尽了管理层本来就已经很宝贵的时间。另外，公司内部开始拉帮结派，各有各的小算盘，各自为营。一位支持职能部门的经理对我说："当时哪里都是一团糟，我们都迷失了正确的方向。当形势变得危险时，我们只会粉饰自己的错误。我们开始对自己传递的信息保持谨慎的态度。作为一个团队，我们讲话模棱两可，留下解释的空间保护自己，同时让别人去解释，然后再说是他们的错。"随着时间的推移，这种态度不仅影响了整个团队，也影响个人，所有员工在行事时首先考虑个人风险。不难想象，这种组织文化对公司决策会有何种影响。结果，公司管理层越来越难以从员工那里得到清晰明确的观点作为商业决策的依据。该公司出现了典型的责任分散问题，每个人都只关注自己的工作，用这种方法作为一种损失控制措施。与此同时，很多"孤儿问题"也显露出来。所谓孤儿问题，就是没有人关注的问题，因为相关程序、结构或命令没有明确规定这些问题的负责人。下级员工都能看到这些孤儿问题，但是没有人指出来，他们都自扫门前雪，以为总会有人来负责这些问题。

这是一种典型的人类现象，并不仅限于商业领域。1964 年 3 月 13 日，在纽约皇后区就发生过一起集体不负责任的悲剧。

28 岁的基蒂·吉诺维斯（Kitty Genovese）在该地区的一家酒吧担任经理，她通常到深夜才下班。她租住的公寓在邱园区奥斯汀街，是一个平和安宁的中产阶级社区。3 月 13 日早上，吉诺维斯把车停在离她所住大楼入口约 98 英尺的地方，然而她再也没能回到自己的公寓。在回大楼途中她遭到了温斯顿·莫斯利（Winston Moseley）的袭击。袭击者 20 岁，没有犯罪记录。莫斯利捅了吉诺维斯两刀，后者发出痛苦的尖叫声，莫斯利吓得仓皇逃走。后来得知，当时在邱园区总共有 38 个人听到了她的尖叫声，但他们都没有报警。吉诺维斯躺在原地，陷入半昏迷状态。9 分钟后，莫斯利回来了，再次袭击了她。邻居罗伯特·莫泽尔（Robert Mozer）朝窗外喊道："别伤害那个女人！"但没有进一步举动。这一次，莫斯利又被吓跑了，但仍然没有人报警。后来莫斯利又回来，强奸了垂死的吉诺维斯，然后给了她致命的一刀，顺便偷走了一些钱。在第 3 次袭击后，才有另一个邻居卡尔·罗斯（Karl Ross）打电话给警察，警察在两分钟后到达现场。对吉诺维斯来说晚了，她没撑到医院，死在了救护车上。

两周后，马丁·甘斯伯格（Martin Gansberg）在《纽约时报》

上发表了一篇文章，引起公愤。他在文中回顾了当晚整个事件的全过程，并指责邻居们的冷漠。

吉诺维斯的磨难持续了整整 35 分钟，凶手折回来两次。如果有人在第一次袭击后报警，她就能活下来。记者采访邻居时，这些邻居以各种理由解释他们为什么没有作为：“我以为别人会报警”“我不想惹事上身”“我当时累了”……实际上卡尔·罗斯在最终报警之前，给纳苏郡的一个朋友打了电话征询他的意见。

我们当然很想用“冷漠”来形容这个情境，但问题的根源在于所谓的旁观者效应（也称为旁观者冷漠）。“旁观者效应”一词是社会心理学家比布·拉丹（Bibb Latané）和约翰·达利（John Darley）的发明。在许多人同时注意到一件恐慌性事件的情况下，个人责任感会分裂和减弱，每个人都认为别人会去处理。1964 年 3 月 13 日，在纽约在半个多小时的时间里，那 38 个人也都这么认为，结果一个年轻女子因此丧命。今天的自卫课程一般要求女性不要泛泛地大喊“救命”，而是要对人群中的某个人说：“请帮帮我，先生！那位穿红色夹克的先生，请帮帮我！”一般人很难拒绝这种直接的请求。

现在，我们还是谈谈商业世界中的案例。在我之前谈到的那家公司，责任分散问题也导致了一起严重的事件发生，还差点酿成悲剧。生产过程中需要使用的化学物质一般会储存在仓库里，一名员工图省事，决定把一种特殊液体存放在入口处，这样运送到生产区就会更方便。盛放这种液体的桶被放在一排架子下面，架子上存放着一些装有另一种物质的罐子。此举违反了规定，因为这两种化学物质一旦接触就会发生化学反应，产生窒息性气体。

几乎所有库管都知道这一点，但在真实的“火鸡模式”下，他们认为，既然到目前为止没有出现过问题，那这个风险就是可以接受的。最重要的是，由于集体的冷漠，没有人觉得有必要告诉其他人关于这种危险的详细情况。

然后有一天，一名叉车工在仓库里工作时，不小心刺破了其中一个罐子，里面的液体滴落到下面的桶上。不凑巧的是，液体直接滴到了一个漏桶上，但没有人认为应该报告此事（反正一直都相安无事）。这两种物质发生了化学反应，产生的化合物导致 4 名工人中毒，其中 3 人入院治疗。根据主治医生的说法，他们能活命归功于其他同事的快速反应，因为再多呼吸几分钟这种气体，将会不可逆地损害他们的中枢神经系统。

当内部健康和安全小组在调查事故的过程中与库管交谈时，他们从这些库管身上看到的态度和那 38 名邻居在面对基蒂·吉诺维斯的死袖手旁观时的态度一样。所有接受质询的员工都否认自己有责任：

“向上报告此类事情不属于我工作职责的一部分。”

“大家都知道有这事，我确信管理层也知道，物流总监不久前还来过呢。”

“一定已经有人向管理层报告了此事，既然管理层对此没有采取任何措施，那就是说这样存放没有问题。”

“其他人什么都没干，那我为什么要做？”

“这件事超出了我的职责范围。”

“我还有更重要的事情要做。”

内部健康和安全小组费了很大劲才让董事会相信这些话是真的。

组织中的决策过程是一种复杂的游戏，游戏中冲突的各方和各利益团体互相角力，都想把决策者引领到对自己有利的方向。这个过程植根于工作环境的演化之中，充满了有意识和无意识的习惯、做法和行为，其中很多行为会严重影响最终决策的客观性。那么在更多的时候，做出正确决策的关键在于需要对这些隐秘的游戏有敏锐的意识，并有能力运用只有质询法才能提供的硬逻辑和确凿事实来抵制情绪上的压力。这种结合才是真正的领导者应该具备的特有品质：不管环境和压力如何，他们都有勇气做出德鲁克式的正确决策。他们不仅能为组织引入完美的决策过程，或者创建数据分析系统，而且还能塑造自己的组织文化，这种组织文化能够促进质询法在整个公司的运用，鼓励那些能力突出但心怀不满情绪的员工参与决策，并防止个人情绪影响对形势进行理性、冷静的评估。

美国航空航天局的案例表明，即使是最专业和最有能力的组织，当它屈服于外部和内部压力的影响时，也会经历一种无形的、危险的文化变质，从以前行之有效的行为和态度转变成每个人乐在其中的新的行为和态度，且这种转变是以安全、质量或利润为代价的。这实际上是大公司和相对较小的私人公司两种不同类型企业的共同特征。就公司治理而言，慢慢地，纯粹理性的讨论让位于对稳定和维持现状的渴望，同时引入相关程序和法规，就这样逐渐形成了盲目服从的组织文化。同样的事情也可能发生在私人公司中，但在私人公司中，养成盲目服从的组织文化的主要因素不是相关程序，而是因为企业主的意见和观点总是压倒其他声音。

在这种情况下，组织文化会慢慢变质，以确保员工过上岁月静好的日子，不用去直面严酷的现实。领导者的真正目的——让每个员工专注工作，各司其职——迷失其中。

因此，不管在大公司还是在小公司，文化再教育的过程剔除了那些敢于公开表达意见的员工，而这些人的异议往往非常具有建设性，他们在真正的质询式决策中极富价值。这种问题是致命的，不仅不利于沟通的质量和讨论的深度，而且有损于领导层的决策和那些有潜力带领公司乘风破浪的人才的未来发展。文化惯性和从众压力甚至会扼杀最卓越的人才……

当然，除非他们是真正的领导者。

第七章

寻找真正的领导者

在商业世界中，领导力可能是最能对公司内部决策质量产生根本性影响的话题，也是我最关切的话题。每个人都能对这一话题侃侃而谈。如果你搜索“领导力”一词，谷歌会给出5亿多个页面的结果。自封的领导力专家层出不穷，他们到处开班授课。我们也经常参加很多领导者速成培训班。我们还发现，越来越多跟这个话题八竿子打不着的人，也不知道是从哪儿冒出来的，在这个话题上指指点点。关于领导力是与生俱来的还是后天习得的，或者说成为一名领导者是个性问题还是经验问题的争论不断地在各种研讨会、杂志、博客和社交媒体上热火朝天地展开。

然而，我们以各自的方式囫囵吞枣地理解这些理论，而且一旦我们接受这些理论并将其运用到实践中时，又觉得它们真的不堪一击。这样，我们不断唠叨领导者缺位现象如何严重，经常抱怨不再有权威以及清晰的愿景、刚强的个性来激励我们去挑战自己的局限性，去提升自己。很多人说，近年来这个问题更加严峻了。他们是对的。在商业生态系统中，真正的领导者一直是稀罕之物，环境在急剧变化，我们从来没有像现在这样需要更多优秀的领导者。领导者缺位会带来两种后果：幸运的话，只是会陷入停滞状态，停止发展；不幸的话，就会发生像 1986 年和 2003 年美国航空航天局那样的灾难性错误。

今时今日，光有健全的管理是不够的。也就是说，仅仅能够“正确地做事”是不够的。在新常态世界，面对黑天鹅事件时，即使你分毫不差地落实决策和遵循程序，也不一定能得偿所愿。彼得·德鲁克对领导力定义的第二部分就变得至关重要：成功或失败取决于“做正确的事情”的能力，即做出正确决策、正确选择的能力，这是我们对领导者的期望所在。变化心理学在这里也有用武之地，绝大多数人害怕变化，不愿离开自己的舒适区，但是现在宏观经济、政治、技术和社会瞬息万变，我们的任何抵抗都是徒劳。人们需要一个明晰的愿景以求心安，在不确定的时代更是如此，因此，他们渴盼能够让他们委以信任、有远见卓识的领导者。

几千年来，领导力一直备受推崇，也饱受争议。我们起初是推崇改变了世界的男人（少数情况下是女人），这些人一般是军事、政治或宗教领袖，或者伟大的科学家。他们的共同点是容易吸引追随者，即使他们提供的东西并不一定有直接的吸引力。激发和激励他人以特定方式行事的力量既迷人又可怕。

看看 20 世纪 30 年代的阿道夫·希特勒（Adolf Hitler），他轻松说服德国人，让他们相信自己真的需要扩大生活空间，从而造成人类历史上最血腥的灾难。很多真正的领导者都是登高一呼，应者云集，如贝尼托·墨索里尼（Benito Mussolini）、乌萨马·本·拉登（Osama bin Laden）等。

乍一看，领导者的定义很简单。考虑到领导者角色的多重性，因此，用一两句话解释领导力的本质实际上是极其困难的。

多年来，领导者本质的关键词是“愿景”和“感染力”，领导者是那些有清晰的想法，并能令人信服地将这些想法传达给他人的人。慢慢地，这些想法被领导者的权威充实，他们的权威建立在一系列因素之上：能力、个性、经验和成功。然后，发起变革并领导众人渡过危机，以及在不确定的情况下做出决策，这些问题在最近几年都具有重大意义。

在商业环境中，管理者和领导者之间有明显的区别。严格按照德鲁克的定义，我们可以认为管理者是一个组织的稳定机制。他们确保公司在运营过程中按部就班，既定目标得以实现，严格规定的程序得到遵守。

管理者确保组织以可预测的方式行事。不同的是，领导者做出战略选择，设定愿景，并激励其他人跟随他们的步伐经常挑战组织的现状。然而需要注意的是，领导者通常在组织权力结构中没有正式的职位。有时他们是专业技术岗位上的员工，凭自己的努力赢得权威的地位。这清楚地界定了两种角色权力和影响力的不同来源：管理者凭借职位赋予他们权力影响他人，而领导者通过激励他人追随以影响他人。虽然乍看之下，我们会把公司主管当作领导者，但其实领导力在一个组织中正变得越来越分散，体现在组织等级结构各个层次及不同部门的员工身上。

当然，一个组织要想健康发展，这两种力量之间必须达成某种平衡，因为我们既需要能激励人心、有远见卓识的领导者，也需要尽职尽责的管理者。前者作为组织发展的驱动力量，打破组织的平衡，因为这种平衡会变得越来越危险；后者确保计划得到准确执行、目标得以实现，同时行动过程保持透明。

那么，从决策的角度来看，领导者必须有同时处理多种情况的能力。他们是战略家，负责勾画众人服膺的愿景，并做出影响组织长期发展方向的决策。领导者塑造组织文化，从而影响他人的态度和行为。在许多情况下，他们也是组织改革的发起者和驱动力，最后成为创新的基础，促进公司发展；他们还负责创建改进决策过程的工具和非标准化程序。

领导者是梦想家和战略家

领导者在决策过程中最显而易见的作用是做出最重要、最具突破性的决策。我们期待领导者在关键问题上一锤定音，期望他们形成战略性眼光。同时领导者也应该对决策的长期后果负责。

从战略的角度来看，对领导者定义的普遍理解是：领导者是我们期望具有清晰愿景和方向的一类人。人类历史上有很多富有远见的领导者，江山代有才人出。约翰·肯尼迪总统就是这样的一个人。我们在上文中讨论过，1961 年 5 月，他向世人描绘出一个鼓舞人心的愿景，启动了一个长期的、非常大胆的项目——将人类送上月球。

当然，生活并不总是一帆风顺，历史上也有很多领导者做出过战略性决策，结果却不尽如人意。1964 年，林登·约翰逊总统决定向越南增派军队即是一例。

20 世纪 60 年代的时代特点是，两个超级大国之间的军备竞赛日趋激烈，它们同时展开争夺世界霸权的政治斗争。当时东南亚地区虽然发生了政权更替，但仍然在美苏两国的势力范围之外。这个地区一直纷争不断：自 19 世纪下半叶以来，它一直是法属印度支那殖民地的一部分，其中包括今天的柬埔寨、老挝和越南，以及大约 12 个受保护领地，这些领地也逐渐并入法国殖民地。该地区第二大殖民强国是英国，它控制着缅甸和泰国。20 世纪 20 年代和 30 年代的法属印度支那殖民地黄金时代好景不长，1940 年德国入侵法国，动摇了法国在这一地区的权威，而那时英国对亚洲殖民地已经无暇顾及。

日本人趁着法国疲弱之际，在 1940 年年底袭击了印度支那北部，并在随后的几个月里继续向前推进，最终控制了整个地区。颇有意思的是，因为当时日本正忙于与美国作战，所以法国与日本达成协议，最终仍然将整个法国殖民政府留在印度支那。这样的局势一直持续到 1945 年，这一年，形势发生了逆转。

美国向日本投下两颗原子弹，日本宣布投降，法国决定重新恢复对其殖民地的完全控制。然而，法属印度支那人民并不接受这一决定。1945 年，胡志明宣布越南独立，诺罗敦·西哈努克（Norodom Sihanouk）也宣布柬埔寨独立。法国不愿意失去重新控制的这块殖民地的机会，历时 8 年的第一次印度支那战争爆发，最后以 1954 年法国在奠边府战役中的惨败而告终。法国战败之后，从这片战争频繁的土地上撤出。同年，相关各方在日内瓦召开大会，会上通过多项重大决议。大会决定将法属印度支那分成 4 个独立国家：老挝、柬埔寨、南越和北越。

就这样，东南亚变成了许多政治高度差异化的国家组成的大拼盘。泰国亲近美国，后来美国轰炸越南的战机大部分是从泰国起飞的。缅甸发生了内乱（1947 年执政的昂山将军被杀），它试图在世界超级大国之间保持中立。因此，缅甸在对抗共产主义运动的同时，也断然拒绝加入美国在 1954 年倡议建立的东南亚条约组织（SETO）。

老挝在 1953 年获得独立，当时国内的巴特寮共产主义武装非常强大，最后在 20 世纪 70 年代完全控制老挝。柬埔寨的情况与此类似，但更加血腥。20 世纪 70 年代末，柬埔寨 800 万人民中有四分之一死于红色高棉发动的残酷内战。在越南战争爆发前的几年时间里，由诺罗敦·西哈努克亲王统治的柬埔寨，像缅甸一样试图保持独立和中立。他的努力取得了一些成功，后来却被波尔布特（Pol Pot）夺取了政权。

我们可以看出，后殖民时代的东南亚是多种文化和政治力量的拼合，所以，越南人世界观的分裂也就不足为奇了。以西贡为首都的亲美南越政府很快与北越政权发生了冲突。《日内瓦协议》曾约定北纬 17 度线只是南越北越的临时分界线，并要求双方举行选举，为 1956 年年底的统一做准备，结果形势并未朝这个方向发展。南越总统吴廷琰借口北方的共产主义政权会干涉选举进程，取消了南越的选举。越南仍然处于分裂状态，西贡和河内之间的冲突日益加剧，在南越偶尔会发生北方政权煽动的游击斗争，而北越则努力促进共产主义运动在南越的蔓延。北越共产党力量慢慢坐大，令美国感到不安。他们对共产党在老挝掌权并不放在心上，但一想到人口高达 4000 万的红色越南，再加上苏联的支持，心里便有所忌惮，认为这是对美国全球利益的严重威胁。

因此，当胆战心惊的吴廷琰向美国寻求援助时，美国立即在现有支持吴廷琰的美国军队和顾问团的基础上，增派了一支强大的军事力量：1961 年年底，美国海军科尔号导弹驱逐舰驶进西贡港，上面载有 30 多架攻击直升机和几百名船员。此时，美国在南越的分遣队已经超过 1000 人。然而，这也没能扭转吴廷琰的败局。西贡政府日见颓势，北越游击队越来越大胆地四处出击。南越的共产主义运动呈星星火燎原之势，吴廷琰为此付出了生命的代价：1963 年 11 月，他在一场军事政变中被杀。

这促使在肯尼迪总统遇刺后就职的林登·约翰逊总统决定向南越增派部队，以稳定局势。增派部队由威廉·威斯特摩兰（William Westmoreland）将军担任司令。与此同时，约翰逊总统签署了“34A 行动计划”，派遣美国驱逐舰在越南海岸巡逻，并展开密集的监视行动，以收集宝贵的军事情报。

直接导致美国决定进攻北越的事件其实是一系列相当滑稽的错误和误解，当然，有些人声称这从一开始就是一个圈套。美国大举进攻北越的序曲据称是在 1964 年 8 月 4 日开始的，北越袭击了正在北部湾水域巡逻的美国马多克斯号和特纳 · 乔伊号军舰。值得注意的是，这并不是北越的第一次袭击。几天前，马多克斯号就遭到了对方的机枪扫射。那次袭击的详细记录报告给了华盛顿，但华盛顿没有立即做出反应，尽管军方有许多人向约翰逊施压，要求他强力回击。

在那些不喜欢约翰逊的政客和将军中，越来越多的人认为约翰逊太软弱，让越南人逍遥法外，从而损害了美国的形象，威胁了美国的利益。在这种气氛下，关于 8 月 4 日鱼雷袭击事件的信息就变得更加敏感。国防部长罗伯特·麦克纳马拉（Robert McNamara）及时收到了消息，他将成为接下来发生的事件中的核心人物之一。

麦克纳马拉的一生极富传奇色彩，当然在许多人看来也不乏争议。他 1916 年出生在一个爱尔兰移民家庭，后来毕业于哈佛商学院，并成为该校当时最年轻的助理教授。1940 年 8 月，他加入了普华永道。第二次世界大战期间，他在空军服役，1946 年去了福特汽车公司，帮助该公司重建，因为当时的福特公司正处在危难之际。1960 年，麦克纳马拉成为该公司第一位来自福特家族之外的总裁。他在这个职位上没有太大作为，仅一年后，总统约翰·肯尼迪便邀请他担任国防部长一职。麦克纳马拉接受了邀请，并很快成为肯尼迪身边最受信任和最有影响力的人之一。他在 1962 年古巴导弹危机的解决中贡献卓著。麦克纳马拉在国防部长的职位上一直干到了 1968 年，成为当时历史上任职时间最长的国防部长。卸任国防部长后，他担任了世界银行行长，直到 1981 年退休。

1964 年 8 月 4 日，罗伯特·麦克纳马拉收到了有关北部湾鱼雷袭击的第一份报告。他充分意识到事件的严重性，在接下来的几个小时里，他、参谋长和所有总统幕僚必须准备出必要的信息，以保证林登·约翰逊能够做出正确的决定，从而解决问题。

值得一提的是，总统当时处境艰难：他因肯尼迪遇刺而接任总统一职，并不是通过赢得选举名正言顺上位，所以他的政治对手经常明里暗里地对此出言讥讽。与此同时，他还得在 1964 年 11 月份的总统大选中面对来自共和党候选人巴里·戈德华特（Barry Goldwater）的激烈竞争。巴里·戈德华特是一个非常强劲的对手，他是波兰移民后裔，一个狂热的反共分子。与他相比，约翰逊给人的印象是冷静、犹豫、偏于防守。1964 年 2 月，菲德尔·卡斯特罗切断了对美国关塔那摩基地的供水，也没有激起总统的任何反应，这件事在约翰逊的脑海中记忆犹新。约翰逊知道，如果他要在即将到来的选举中胜出，就必须改变自己的形象。他要让美国人相信，在必要的时候他也会采取强硬手段。在与肯尼斯·安东内尔（Kenneth O'Donnell）会面之后，他更加笃信这一点。安东内尔是白宫秘书，前任总统肯尼迪的顾问。安东内尔后来回忆说，在会议期间，他和约翰逊一致认为，“总统的领导力正在受到考验，他必须果断应对”。这一观点与约翰逊的朋友兼导师理查德·拉塞尔（Richard Russell）参议员早些时候的话产生了共鸣，后者在关塔那摩事件后指出：“美国人民越来越有一种感觉，我们的国家在外交关系中没有表现出应有的强硬和坚定。”因此，北部湾事件给了约翰逊一个极好的机会向世界展现出一个不同面貌的美国。

麦克纳马拉当然知道总统的困境，于是直接向夏普上将提出了一个非常明确的问题：总统需要多长时间准备对北越目标的空袭？答复是：大卫·A. 伯奇纳尔（David A. Burchinal）将军能够将提康德罗加号航空母舰编入作战计划，因此可以在当地时间早上 6 时（华盛顿时间下午 6 时）发动进攻。

这样约翰逊就有机会在晚上 7 时向媒体发布相关公告，正好赶上晚间新闻。麦克纳马拉和他的顾问们因此四处张罗，召开国家安全委员会会议。然而，在两个小时的讨论中，大部分时间并没有用于对军事形势的分析，而是重点关注一旦做出进攻决定所带来的政治后果。约翰逊不仅在乎竞争对手巴里·戈德华特、公众舆论和媒体的潜在反应，而且在乎其他国家领导人的潜在反应。最终，约翰逊决定发起攻击，但仍然保持克制。他不同意轰炸河内或海防市，只同意轰炸北越 5 个港口的越南巡逻船，以及荣市的天然气设施和仓库。

麦克纳马拉参加参谋长联席会议，并传达总统的决定，开始起草攻击命令。然而与此同时，出现了一件麦克纳马拉没有预料到的事情，这件事使整个行动受到了质疑。8 月 4 日，指挥巡逻的约翰·赫里克（John Herrick）上尉联系了五角大楼，告知他们在随后对局势进行评估后，他对袭击的真实性表示怀疑。该报告内容如下：

“行动回顾证明许多双方交火记录和鱼雷发射记录可能不准确。反常的天气效应和海军声呐兵的过度紧张心理可能导致许多报道存在问题，马多克斯号实际上没有目视瞄准系统。因此在采取进一步行动之前，建议进行全面评估。”

麦克纳马拉对此表示震惊，要求夏普海军上将确认这份报告的真实性，后者承认他不能百分之百确定袭击的确发生了，但他在最初的报告中给出了非常精确的细节，甚至具体到越方使用的鱼雷数量。夏普上将要求更多的时间来核实情况，并建议在问题解决之前，推迟发动进攻。麦克纳马拉组织了一次参谋长紧急会议，在会议期间，他试图确定美国驱逐舰是否真如报道所说遭到了攻击。在国防部长的逼问下，夏普上将最终肯定地说，攻击确实发生了，但他使用了模棱两可的措辞。对于麦克纳马拉的最后一个问题——攻击是否发生？——夏普上将犹豫了一下，回答道：“哦，的确发生了……我觉得是这样。”

与此同时，约翰逊总统正焦急地等待攻击命令的确认，并定期联系麦克纳马拉，表示他已经越来越不耐烦，他的压力也越来越大。几个小时过去了。直到深夜，约翰逊总统仍然不能对外宣布越南的局势以及美国的反应。最后，晚上 11 时刚过，麦克纳马拉确认了军事行动计划。半小时后，总统坐在椭圆办公室后，宣布他已经授权对北越的目标进行“克制和适当的”报复性打击。在麦克纳马拉和其他顾问的运作之下，国会一致投票支持《东京湾决议》，授权约翰逊总统增加美国在越南的驻军。战争就此开始。

从决策过程的角度来看，有一个直接可见的错误：在全新的环境中，面对他们此前几乎没有接触过的国家和文化，应对一个突发但又未得到完全证实的事件，尽管有证据表明他们迫切需要对问题进行更加深入的分析，但是，美国人却采取了辩护式决策方式。

他们没有尝试为自己的决策赢得时间，事实上，恰恰相反。他们设定了做出决策的最后期限（正好赶上林登·约翰逊的电视讲话），因此给所有相关人员造成了额外的压力。质询法因耗时太长而立即遭到摒弃，那些质疑事件的官方解释并试图彻底分析事件的人，例如赫里克上尉，受到权威人物的压力，不得不放手不管。这种陷阱在各个权力级别不断出现：赫里克上尉受到夏普上将的压力，后者受到罗伯特·麦克纳马拉的压力，而麦克纳马拉又受到约翰逊总统的压力。在时间压力和权威陷阱的综合作用下，总统基于错误信息做出了错误的决策。2005年解密的文件证实，1964年8月4日，北部湾没有发生针对美军的袭击。

这位前国防部长后来在2003年埃罗尔·莫里斯（Errol Morris）执导的纪录片《战争迷雾》（*The fog of war*）中成为主

要角色。在影片中，年迈的麦克纳马拉回忆起导致越南战争爆发的关键事件，并讲述了涉及的核心人物和他们所起的作用。他最终承认攻击北越的决定是基于错误的假设，是约翰逊总统及其顾问团做出的一系列错误决策的结果。麦克纳马拉明确强调了3个问题。首先，在他看来，1964年8月4日所犯错误的根源在于存在一种压力导致所有相关人员——无论是在北部湾还是在华盛顿——只看得到他们想看的东西。其次，在这种情况下，总统身边没有卢埃林·汤普森这样的人物，也没有关于北越政府的野心和动机的可靠消息来源。正如麦克纳马拉在纪录片中所说，最后的结果就是，美国犯下了可怕的错误。再次，他引用了约翰逊总统在一次演讲中说过的话：

“如果这个小国（指南越）溃败，不能保持独立，我们扪心自问，其他小国命运又会如何？……迄今为止，美国赢得了所有战争。对此，我们从未犯错。我们向无知和文盲宣战，向贫困宣战，向疾病宣战，向暴政和侵略宣战。我们不仅认同这些事业，而且愿意为这些事业挺身而出，为之献身。”

火鸡综合征害人不浅，以为肯定会赢得这场战争的狂妄（就像之前的战争一样）使得美国很容易忽视越共的潜在威胁，理所当然地认为这将是一场速战速决的军事冲突，战前准备大可不必。这种态度让美国深受反噬之痛。

接下来的几年里，军事行动大规模升级。美国并没有停止空袭。1965年，美国又派出地面军队，在几个月的时间里，参加越战的士兵人数达到了20万之多。此时，美国仍然没有采用质询决策法。许多部队对敌人完全不了解，对越南的地形和气候也一无所知。但美国人还是坚信，这将是一场乏味的战争，战胜北越应该不费吹灰之力。没有人理解这场战争对越南人意味着什么，对越南人来说，这场战争不是冷战时期两个对立的政治集团之间的军事冲突，而是一个被《日内瓦协议》分裂的国家为自己的独立和统一而进行的斗争。在《战争迷雾》中，麦克纳马拉回忆到，1995 年他在河内与 20 世纪 60 年代的北越军队总司令武元甲会面时，真真切切地听到了这些话。

武元甲直言不讳地告诉麦克纳马拉，麦克纳马拉对越南的历史一无所知，并嘲笑他想当然地以为北越是中国和苏联同盟的一部分。事实上，仅从越南和中国之间数百年的历史来看，美国人的这种自以为是就十分危险，这表明美国人对该地区的基本问题没有做足功课。

这种无视带来的影响比总统智囊团想象中的还要严重得多。1965 年 7 月，林登・约翰逊总统就向北越增派数千名士兵的决定发表了以下讲话，这些讲话在莫里斯的电影中流传百世：“没有人相信再派 5 万或 10 万士兵会改变结局。我们表现得不好，我们正在失去战争。……我们在失去阵地。”尽管如此，在之后的几年里，随着形势日益艰难，美国还是在不断地增派军队。换句话说，他们也未能做出正确、勇敢的决定，即迅速结束军事行动（因为无论如何都会输掉战争），将损失降到最低。这是沉没成本效应的一个早期案例。它深深影响了约翰逊和他的继任者，他们当中没有一个人能做出德鲁克式的正确选择。就这个话题，在麦克纳马拉记录这些事件的书中，我读到过他的一些话，可以为领导力和战略决策的主题提供颇有兴味的注解：

“在详细审查相关记录后，凭借‘后见之明’的优势，我认为，如果当时肯尼迪总统在世，他很有可能从越南撤军……我的结论是，约翰·肯尼迪会及时止损，而不是越陷越深……”

在这个案例中，领导者的错误在于接受了一个事实上没有确凿证据的观点（通过军事力量在东南亚建立霸权，认为美国在技术上和军事上无人匹敌），从而做出错误的战略决策（进攻北越）和作战决策（例如增加地面部队）。此外，包括约翰逊总统在内的关键人员的态度使得这次事件只考虑了一种情况，没有像猪湾事件那样就可能的选项展开公开讨论。

1964年11月，林登·约翰逊以压倒性的优势击败了巴里·戈德华特，赢得大选，任职至1969年1月。越南战争在约翰逊总统离任后，又持续了将近4年，直到1973年1月27日双方签署了《巴黎和平协定》才正式结束。

马克·吐温说过，正确的决定来自经验，而经验又大多来自错误的决定。因此，生活的智慧应该来自对过去错误的总结，当然，最好是总结别人的错误。我认为，当时林登·约翰逊的顾问团中没有一个人具备这样的智慧。没有人去研究相关的历史背景，从而接受了错误的假定，也没有人去思考军事方面的前车之鉴，比如1941年纳粹发动的巴巴罗萨行动失败背后的决策失误，这一事件在当时还鲜活地留在人们的记忆中。

这样说可能会引起争议，但阿道夫·希特勒在20世纪30

年代确实是一个真正的领导者，他向在第一次世界大战中战败的德国人勾画了一个恢复德意志帝国往日荣耀的诱人愿景。这个终究未能成大器的画家向德国人勾勒出一幅迷人的画面，描绘了一个经济强大、生存空间不断扩大的德国，这在后来成了他们军事行动的潜在动机。

在被维也纳美术学院拒绝录取后，希特勒决定从政并加入了德国工人党（随后改名为民族社会主义德国工人党，即纳粹党），最终成为这个政党领导人。1923 年，他以纳粹党领袖的身份，领导了慕尼黑暴动，也就是众人所知的啤酒店暴动（因其发生在贝谢布拉克勒啤酒店而得名）。暴动失败后，他被逮捕入狱，被判处 5 年监禁。希特勒充分利用被监禁在兰斯堡监狱里的时间，写下了臭名昭著的《我的奋斗》（*Mein Kampf*）一书，在书中，他概述了国家社会主义运动的意识形态框架。与此同时，纳粹党日益强大，在 20 世纪 20 年代末，德国深陷金融危机和人民贫困的泥淖之中，使得该政党的激进主张越来越受欢迎。最后，纳粹党进入了国会，最终成为国家的主要政治力量。阿道夫·希特勒于 1933 年被选为德意志帝国总理，开始掌权。一年后，他合并总统和总理的职位，宣布自己为德国元首。

希特勒发起全面战争的第一个行动是重新军事化莱茵地区（违反了《洛迦诺公约》）以及 1938 年将奥地利并入德国。当然，这在当时还算是温和的举动。几个月后，在《慕尼黑协定》的基础上，希特勒利用英法两国的绥靖政策，首先吞并了苏台德地区，然后分割了捷克斯洛伐克，从而建立了纳粹统治下的波希米亚和摩拉维亚保护国。要求德国非军事化的《凡尔赛和约》各签署国对希特勒的种种行为采取消极态度，所以，希特勒变本加厉，继续扩大领土要求，并于1939年把目光投向邻国波兰。在与波兰外交部长约瑟夫·贝克（Józef Beck）的会晤中，希特勒要求波兰归还位于波兰走廊北端的但泽自由市，同时允许德国有一条通过波兰走廊到达东普鲁士的自由道路。

外交谈判仍在进行，但纳粹德国同时拟定了“白色方案”（Fall Weiss），即进攻波兰的计划，又于1939年8月23日与苏联签署《苏德互不侵犯条约》，此时吞并波兰的战争时机已经成熟。

1939年9月1日，德国国防军入侵波兰领土，德国空军发动对波兰城市的空袭，德军以压倒性优势在一个月内就结束了战争。纳粹德国随后在波兰建立总督府，随后将注意力转向西方。1940年，希特勒运用德军新的闪电战理论，决定进攻另一个邻国——法国，并将比利时、荷兰和卢森堡三国纳入作战范围。作战行动于1940年5月10日发起，德国空军以比利时和荷兰为目标进行狂轰滥炸，随后伞兵登陆法国领土，同时地面部队跟进。尽管交战双方在兵力上旗鼓相当（盟军的总兵力甚至比德军还多），但由于纳粹采用了非常有效的作战方法，加上地面部队的出色表现，这场战斗很快就结束了。比利时要塞埃班·艾马尔（Eban Emael）很快被攻占，这一失败对盟军造成了巨大的心理冲击。荷兰于5月14日投降，比利时继续勉强支撑两周，于5月28日投降。与此同时，法军在英军的支持下，试图组织抵抗，但被国防军步步紧逼，最后在纳粹空军的精准轰炸下崩溃。此外，5月24日，英国远征军领导人决定撤军，此举激怒了法国。尽管巴黎方面提出抗议，但在接下来的一周里，迪纳摩计划还是开始实施。超过33万名英国士兵从敦刻尔克撤回英国。

法国独木难支，只得放弃巴黎，于6月13日宣布巴黎不设防。结果，第二天德军就拥上巴黎的街道和广场，而法国政府则撤至波尔多。1940年6月22日，在希特勒装甲部队大举进攻之下，法国投降。菲利普·贝当（Philippe Pétain）元帅领导的维希傀儡政府在一片废墟中成立，沦为占领者的帮手。就这样，不到一个月，欧洲最大的军事和政治力量之一轰然倒下，德国人此时正陶醉于他们的最新作战方法——闪电战。

阿道夫·希特勒对即将到来的对苏战争的态度有些令人惊讶。他认为进攻莫斯科的主要目的不是征服苏联，而是与英国正在进行的空战中的重要一环，他认为英国才是他在欧洲的主要对手。德国总参谋长弗朗茨·哈尔德（Franz Halder）在回忆录中引用了希特勒的观点：

“一旦苏联被击溃，英国最后的希望也随之破灭……所以，希特勒决定：要想征服英国，必须先消灭苏联。……苏联越早垮台，对形势越有利。”

希特勒认为，英国和法国一样，已是囊中之物，但英国还把一丝希望系于苏联的参战。在这一点上，希特勒完全低估了苏联的军事潜力。希特勒委托埃里克·马科斯（Erich Marcks）

将军在进攻前准备分析报告，后者估计苏联军队有 151 个步兵师，但在他看来，只有 100 个师可以投入战斗。

最重要的是，马科斯认为苏联红军的 KV-1 和 T-34 坦克，面对从法国奔袭而来的德军装甲部队，将不堪一击。他的自以为是后来被证明大错特错。德国政府高层的主流看法是，他们的实力全面压倒苏联，这种信念根植于一种刻板印象：纳粹德国的显要人物认为苏联人是傻瓜，没有战斗能力。受这种观点的影响，马科斯估计这场战役将持续大约 5 到 7 周，德国国防军将所向披靡、势如破竹，一路杀向莫斯科。任何认为这种估计过于乐观的意见都因为与元首的抵触而不予采纳（辩护法）。哈尔德在早年时偶尔还有勇气反驳希特勒的意见，此时也改变了自己的看法。与此同时，希特勒还沉醉在战胜法国的成功之中，甚至宣称与此前的成功相比，打败苏联会是轻而易举的事，就如同大人和小孩玩游戏。这仍将是一场闪电战。然而，事实证明，这一次闪电战没有闪电般的速度，只有无休止的战争。德苏双方陷入旷日持久的战争，战争规模不断扩大，德军后勤补给出现严重困难，苏联红军远比德国人想象中要训练有素、纪律严明。

巴巴罗萨行动于 1941 年 6 月 22 日启动，尽管希特勒实际上在 1940 年 12 月就签署了授权该行动的命令。他的许多顾问担心两条战线同时作战可能存在很大压力，但是没有人敢站出来反驳元首（在缺乏心理安全的情况下，谁也不敢置喙），所以德军决定兵分三路突入苏联。深夜 3 时 15 分，南方集团军群向顿巴斯方向出发，中央集团军群向莫斯科方向进军，北方集团军群进攻波罗的海诸国，向列宁格勒进发。

同时，600 多架德国空军飞机轰炸苏联西部的主要目标。这是一次前所未有的军事行动：大约有 350 万德国士兵参与其中，动用 7000 多门大炮和近 4000 辆坦克。尽管苏联方面已经反复讨论过德国进攻的可能性，但这次突袭还是让苏联大吃一惊。此外，6 月 25 日，芬兰向苏联宣战，积极与德国军队并肩作战。

虽然苏军的抵抗比预期要激烈很多，但是头几个星期，巴巴罗萨行动仍然能按照德军的计划推进。对德国国防军的第一次严重挑战是 1941 年 7 月的斯摩棱斯克战役，它推迟了中央集团军群向莫斯科的行军。尽管如此，德国军队继续推进，并在 9 月取得了巨大成功，包围并摧毁了基辅的大量苏联红军，希特勒称之为历史上最伟大的战役。德军通往莫斯科之路畅通无阻，10 月初，旨在占领苏联首都的台风行动开始。

然而，在同一时期，许多始料未及（其实完全可以预测）的问题开始出现，其中最重要的是没有预料到苏联红军重整速度如此之快。苏联利用其庞大的人口优势，直接补充兵源，在全国范围内集结众多师团投入战斗。德军在巴巴罗萨行动的头几个月遭受了严重损失，但他们没有苏联这样的资源优势。第二个意料之外的情况与后勤补给有关。这次行动最初的计划是一次闪电战，各种物资配备都没有考虑较长时间的需要。随着行动的继续，后勤补给出现了重大问题。首先是燃料短缺，剩下的燃料只够供应3个月的时间。再加上苏联国土广袤，有战略纵深，使得这一问题更加严峻，在苏联领土行军所耗费的时间比德国人想象的要长。第三个问题就是天气因素。德国人对波罗的海地区的冬天没有做好准备。他们本来希望在冬天以前结束战斗，而1941—1942年的冬天恰恰特别寒冷。

1941年12月5日，发生了一些连希特勒都始料未及的情况。他一直非常蔑视的苏联红军居然发起了反攻，这次反攻后来被称为冬季反攻。苏联红军将德军赶出了莫斯科，德军损失惨重。据估计，德国中央集团军群在台风行动中损失了数万名士兵。虽然苏军并没有因此占上风，但这是一路高歌猛进的德军遇到的第一次挫折。巴巴罗萨行动因此处于停滞状态，在春季冰雪解冻的泥淖中，双方军事行动陷入瘫痪状态。苏军夺回了莫斯科，使希特勒愤怒不已，随后下令在苏联南部展开蓝色行动，而德国陆军将领则倾向于重组部队并按兵不动。蓝色行动旨在切断苏联红军与高加索的联系，并通过一场大决战，占领斯大林格勒。这项任务的重担落在了陆军元帅弗里德里希·威廉·恩斯特·保卢斯（Friedrich Wilhelm Ernst Paulus）领导的第六军身上。行动初始阶段进展顺利，到1942年秋天，德国国防军已经成功占领了这座城市的大部分地区，并大肆屠杀当地居民。不料，德军发现自己的老对手——苏联的冬天又来了，这第二个具有纪念意义的冬天异常寒冷，希特勒的士兵对此并没有充分准备，而且对前线偏远部队的后勤供应链还没有建立起来。

恶劣天气造成的影响非常可怕：德军多次试图空投食物和

弹药，却于事无补，保卢斯的士兵冻死饿死者不计其数，他们完全丧失了战斗意志。面对这种局面，保卢斯向希特勒请求，允许他撤退，并对军队进行重组，但希特勒拒绝了，还勒令他们继续战斗。这是不可能完成的任务。筋疲力尽的第六军立刻在康斯坦丁·罗科索夫斯基（Konstantin Rokossovsky）将军和安德烈·耶约门科（Andrey Yeryomenko）将军所率领的师团的夹击之下陷入重重包围。苏军要求保卢斯投降，但保卢斯拒绝投降。因此，1943 年 1 月 26 日，苏联红军开始行动，给了德军致命一击，保卢斯违背希特勒的命令，在 5 天后投降。在斯大林格勒保卫战中，德军数十万人死亡，扭转战局的希望也破灭了。

1942 年年底，各条战线不断传来噩耗：传奇人物埃尔温·隆美尔（Erwin Rommel）率领的非洲军团在阿莱曼受挫，非洲局势发生逆转，轴心国之一日本在瓜达尔卡纳尔岛战役中被击败。尽管如此，希特勒依然没有放弃他的进攻战略。1943 年春，他下令发起堡垒行动，旨在切断集结在库尔斯克附近的苏联红军。由于后勤补给问题一直未能解决，这次行动原计划于 7 月 4 日晚开始，德国装甲部队在空军协同配合下发动攻击，但后来被一再推迟。与巴巴罗萨行动开始时不同，这一次苏联知悉了德国的所有计划，因为苏联的军事情报部门在几天前就已经提供了德军进攻计划的详细信息。在德军开始行动的几个小时前，苏军轰炸了德国国防军的阵地。堡垒行动一再推迟，为苏联红军赢得了更多的时间加强防御。

库尔斯克战役持续了近 2 个月，不仅对于苏联境内的战争，而且对于德国整个东线战争都是一个突破性事件。这是一场改变了第二次世界大战进程的战役，也是人类历史上最大的战役之一，双方动员的兵力都超过了 100 万。在数周的激烈交火中，双方发生了数十起战斗，其中第一起战斗最为重要。7 月 12 日，在普罗霍罗夫卡附近，一场规模浩大的坦克战爆发，双方投入坦克总计超过 1000 辆，战斗持续了几个小时。在这场战斗中，德军武器装备损失惨重。德军现有资源紧张，部队部署分散，后勤供应链已在崩溃的边缘，所以也无法及时补充武器。德军在普罗霍罗夫卡的装甲部队被摧毁后，苏军嗅到了这个受伤巨兽的血腥味，发动库图佐夫行动，开始反攻。德国国防军的处境越来越绝望，开始进入防御状态。到了 8 月，形势已经非常明朗，德军大势已去，他们唯一的选择就是撤退。苏联红军不断追击，一路向西推进，穿过波兰，花了不到两年时间，于 1945 年 4 月抵达柏林。希特勒的灾难性战略决策导致了纳粹德国的战败，结束了人类历史上最血腥的战争。

希特勒和德军溃败的原因，与 25 年后在北部湾和华盛顿的那群人失败的原因相同：不愿使用质询决策法，也没有对对手的实力进行全面评估。这与他们过去的骄人战绩和狂妄自大的心态有着直接的关系。

还有来自领导者的压力。领导者完全禁止其他人对他们提出的构想加以讨论。因此，其他人提出的任何分析都像在北部湾一样，只是歪曲事实，只是反映出领导者想要看到的东西。沉没成本效应也是其中的一个因素。就算发现原来的策略没有得到预期的结果，沉没成本效应也会使得决策者不可能及时止损或改变策略。

我们可以更进一步说，当阿道夫·希特勒决定以这种方式、在这种情况下对苏联发动战争时，他就没有从历史中吸取教训。卡尔·冯·克劳塞维茨（Carl von Clausewitz）将军是普鲁士军事战略家，他在1832年出版的《战争论》（*On War*）一书中，评论拿破仑·波拿巴（Napoléon Bonaparte）20年前在俄国的失败时，得出如下结论：

“1812年拿破仑入侵俄国的结局证明，俄国是一个不能被彻底征服的国家……当今欧洲没有哪个国家有实力征服俄国，甚至能动员50万兵力的波拿巴也不能……

法国在1812年之所以惨败，是因为俄国政府一直保持斗志，人民忠诚而坚定。法国不可能胜利……

波拿巴失败的主要原因在于他贻误战机，忽视军队补给和撤退布局问题，战略战术上也存在重大失误，无谓牺牲了许多生命。”

许多历史学家认为，如果希特勒在征服法国后，能听从某些顾问的建议，选择另一种更审慎的战略，那么这场战争将胜败难料，如果德军合理利用各种资源，将会更难被打败。

当领导者决定今后的战略方向时，他们承担着巨大的责任。准备阶段最微小的错误都可能在以后产生可怕的后果，而到彼时，局势已经不可挽回。因此在决策时，绝对有必要进行彻底的分析，运用质询法，选择合适的咨询伙伴，给他们必要的心理安全感，从而进行公开、诚实的对话。

规则 12

伟大领导者的杰出之处，在于他们能认识到伟大并不能保证不会犯错。

制定战略决策和为他人指明前进的道路似乎是大多数领导者最伟大的事业，许多人认为这是他们最大的挑战。不过，我认为，领导者有更棘手的问题要处理，其中之一就是在组织中引入根本性变革，尤其要对重塑组织文化承担重大责任。

领导者是变革的推动者

战略决策通常意味着必须实施某些变革。在事情进展不顺利的情况下，我们大多数人能理解此时需要做出某些改变。但在组织正一帆风顺时，真正的领导者却选择摒弃“未损勿修”的传统智慧，决定引入重大变革。研究这样的案例可能更让我们受益匪浅。

这就是我们要讲下面这个变革管理的经典案例的原因。1981 年，约翰·韦尔奇（John Welch）接管了由托马斯·阿尔瓦·爱迪生（Thomas Alva Edison）创立的通用电气公司。当时该公司状况良好，传奇人物雷金纳德·琼斯（Reginald Jones）退休后，董事长一职便空缺出来。琼斯自 1972 年以来一直执掌该公司，在此期间让公司的收入翻了一番，还将其改造成一家激进的、富有前瞻性的公司，让公司立足于业务部门战略，而不是更传统的公司架构。大多数分析师认为，按照通用电气的标准，这位年轻有为的首席执行官只需萧规曹随即可。韦尔奇在上任之后最初几年的作为很快打消了他们的这种想法。

虽然说韦尔奇相对年轻，但他已经在通用电气工作了 20 多年，对公司的优势和劣势了如指掌。他认识到琼斯的变革只是开始，公司要想持续增长取决于进一步的变革。韦尔奇的愿景很简单：通用电气尽管规模庞大（20 世纪 80 年代初，该公司就雇用了 40 多万人，有几十个业务部门），但仍然需要像小型公司一样充满活力，员工要像企业家一样思考，表现出真正的客户导向。韦尔奇被他的同事戏称为“中子弹杰克”，即每一项政策都有原子弹一样的威力：到 1985 年，他已经将公司员工人数精简到 29.9 万人，取消了多个管理层，并使公司组织结构扁平化。他还有一条在许多人看来都有争议的规定，即不管一个业务部门业绩如何，根据末位淘汰政策，每年该部门绩效最低的 10% 的员工都会出局。韦尔奇对领导力的痴迷延伸到了市场层面。20 世纪 80 年代，他进行了大刀阔斧的改革，出售那些过去没有机会、现在也没有机会成为行业领导者的业务部门。

韦尔奇一系列的改革措施逐渐将这个笨重的大公司转变成一个超级有活力的公司，其首要目标是在每个业务领域都成为第一。与此同时，通用电气没有忽略质量问题，毕竟很多情况下，这种变革都会牺牲质量。从 1995 年开始，公司一直实施由摩托罗拉开发的六西格玛系统，以减少工作流程和人员造成的错误的数量。实施六西格玛系统不仅需要在人员培训和公司对客户及其满意度的重新定位方面付出巨大的努力，而且也是对员工领导力和敬业度水平的测试。

这些解决方案不仅在财务和客户满意度方面带来了变化，还改变了员工的态度。正如摩根士丹利添惠公司（现改名为摩根士丹利公司）的一位管理者所言，通用电气的解决方案不仅卓越优秀，还能实现可持续发展。在初始阶段，通用电器公司实施的多项举措找出并消除了组织中的某些问题，但在新系统有效运行一段时间后，老问题又出现了。为继续推行新工作方法，通用电气根据六西格玛法在黑带中培养出了相应的责任感。同时，通用电气管理文化的一个特点是，管理者和专家在决策过程中的参与程度越来越高。韦尔奇知道，提高员工敬业度最好的方法莫过于让员工成为创造解决方案的一部分。

通用电气一路高歌猛进，韦尔奇的管理方法赢得了越来越多人的认可，甚至在他上任早期的批评者中，也有不少人开始颔首称赞。20 世纪 90 年代，各种荣誉加身也没有让“中子弹杰克”停止前进的步伐，相反，他继续砥砺前行，积极寻找新的商业机会。通用电气收购了许多与其竞争模式接近的公司，并继续剥离公司内部那些无法实现或无法保持市场领导地位的业务部门。

20 世纪 80 年代初，通用电气的股价略高于 1 美元。在杰克·韦尔奇执掌公司 20 多年后，在他 65 岁退休时，通用电气股价已经超过了50美元。

韦尔奇接手时，该公司市值为120亿美元，在2000年8月达到峰值5960亿美元，创下通用电气的最高纪录。当他离任时，该公司市值已经下降到了4000亿美元。

另一家美国公司上演了一出类似的戏码，这家公司多年来一直是美国企业成功的典范，后来却陷入了严重的经营困境，最后在一位杰出人物的领导下涅槃重生。

2016年12月初，我飞往凤凰城参加研讨会，这次研讨会是马歇尔·戈德史密斯“百名培训师项目”的一部分。我没想到这个周末会改变我对变革管理的看法。我知道，我将和一群有才识的人度过充实的几天，但是12月3日周六的经历还是让我措手不及。

那天，我遇到了艾伦·穆拉利（Alan Mulally），他告诉我的故事颠覆了我对改革型领导者在组织转型中的角色的看法。

穆拉利在第二次世界大战后不久出生于加利福尼亚州的奥克兰市。他曾在堪萨斯大学和麻省理工学院求学。穆拉利几乎整个职业生涯都在波音公司度过，并在那里取得了很大的成功。但我们应该特别关注他在2006年至2014年间的表现，在此期间他完成了一项看似不可能完成的任务：他来自汽车业以外，却做到了在2008年金融危机后带领福特公司重回正轨，还偿还了该公司从政府那里所借的全部资金，这使得福特在美国三大汽车公司中鹤立鸡群。

不过，他刚空降福特公司时，很多人并不看好他。当亨利·福特（Henry Ford）家族的小威廉·克莱·福特（William Clay Ford, Jr.）宣布总裁兼首席执行官继任者是一个在波音公司度过了整个职业生涯的人时，很少人相信这家传奇公司能幸存下来。当时福特公司内部组织和财务问题已经非常严峻（2006 年核心业务亏损了 170 亿美元），而且在两年后的全球金融危机的席卷之下，整个汽车行业一片狼藉，此时几乎可以宣布福特公司寿终正寝了。那么一个局外人是如何完成这项不可能完成的任务的呢？他求诸全面的改革：重组福特的诸多品牌，对管理层进行大换血，落实重大成本削减措施，同时与工会展开艰难的谈判，并将公司几乎全部的资产进行抵押，抵押金额超过 230 亿美元……事实证明，艾伦·穆拉利的个性是他取得非凡成功的关键。我从去年 12 月的会议中总结出关于领导力的 5 点经验：

1. 如果不信任你的同事，你将一事无成

人才是第一位的。如果你不能建立一个开放、诚实沟通、相互信任和尊重、员工真正参与进来的团队，无论你的战略多完美，都将一事无成。领导力是建立这样一个团队并吸纳此类成员的能力。如果你认为你比直接下属更优秀，懂得更多，那么你就有麻烦了。

2. 吸引所有有关人员参与决策至关重要

激动人心的愿景、全面的战略和不懈地实施计划是问题的关键，而且你应该确保每个人都理解并信任它们。如果人们知道公司的发展方向，了解公司的最新状况，他们就会有安全感。不确定性、谣言和缺乏参与感是沟通不足的根源。

3. 无论你是管理者还是员工，情绪韧性都来自你委以信任的工作流程

如果你有这样的一个工作流程和计划，当事情发展不如意时，你就能从中得到支持。信任这个流程和计划，能让你从容不迫。然而，有两点需要注意：

a. 当一个公司面临问题时，它的本能反应是“我们必须改变计划”。而穆拉利的经验是：在寻找解决方案时要更富创造性。

b. 依靠事实和数据。你控制不了秘密，所以诚实和透明是最基本的要求。数据能让人们重获自由。

4. 对违反公司规范和行为准则的员工零容忍

这一点似乎令人惊讶，但请记住，个人表现很重要，公司价值观和规范才是真正重要的东西。穆拉利能容忍一个员工不知道如何解决某一问题（见经验 5），但不能容忍一个员工违反公司价值观和行为准则。

5. 一个问题没有解决方案是可以的

在我看来，这是最重要的一条经验。在个人主义至上的公司和环境中工作，承认自己的无能等于职业自杀。这一问题根植于一个公司的管理和决策文化：你可能听不少人说过，“不要给我问题，请给我解决方案”。赋予员工一定的权力并让他们承担相应的责任，这不无道理。但是如果有人尽了最大努力，仍然无法找到问题的答案，那又如何呢？在这种情况下，硬性要求“给我一个解决方案”只是在鼓励员工掩盖问题。

穆拉利的经验是：没有解决方案也是可以的。团队内部互帮互助，这就是团队合作的意义。这是常识，但不是常见做法。

我们应对艾伦·穆拉利的成就给予特别的赞赏，因为组织文化的改造是一种极其困难的变革管理。

领导者是组织文化的建构者

正如我在前一章所说，组织文化对于决策过程具有根本的意义，塑造组织文化是领导者的责任。这种责任在当今比以往任何时候都重要，甚至可以说它是企业中最难以监控的变革过程之一。这不仅因为员工对此有抵触心理，而且因为实际的变革过程涉及诸多难以衡量的事情。变革销售流程工具、管理仓库级别及采购程序等，都有一个令人愉快的特点：它们是可衡量的。对项目经理来说，确定这些东西的标准和参数并不困难，而且很快就能发现变革是否达到预期效果，或者方法是否需要修改。就组织文化建构而言，设定硬性、可衡量的指标要困难得多，因此这常常是不可能的任务。

但是，领导者对此也不是无能为力，只要他们贯彻一种直到最近还被视为多余，还常常被摒弃的方法即可：管理组织价值观。

所谓组织价值观基本上就是一个组织所认同的信念和准则，并将这套信念和准则作为他们希望坚持并与之相联系的标准。它们为一个组织定下的基调，是其品牌的一部分。

组织价值观的基础通常依公司的优先事项而定。对一些公司来说，创新和不断变革是关键；对另一些公司来说，稳定和可预测性是关键。每个行业都有一些公司支持实验性创新（如融合餐厅），还有一些公司以提供统一、标准化服务和产品的原则为圭臬（如麦当劳）。重要的是，员工按照公司提倡的价值观行事，领导者就会鼓励这类行为。价值观就像灯塔，在环境不确定时引导员工做出正确的决策。价值观是回答“如何做”的问题，而战略回答“做什么”的问题。

价值观通常是重要决策的基础，而后者会直接影响公司的成败。2009 年现代汽车在美国市场做出的决策就是一个很好的案例。现代汽车和竞争对手一样，当时也在美国汽车市场灾难性崩溃中苦苦挣扎，这种崩溃是由金融危机和随之而来的巨大不确定性造成的。美国人觉得前途未卜，担心失业，因此不愿意承担更多债务，在汽车消费上更趋保守。他们准备等经济形势稳定之后，再制订购车计划，这就导致了 2008 年汽车市场的崩溃。新车销量同比下降18%，创造了该行业历史上的最大跌幅。几乎每一个品牌都受到影响，只有少数豪车和跑车制造商例外，因为它们的需求相对稳定。汽车市场陷入低潮对各大汽车制造商打击都很大。克莱斯勒宣布破产，还有多家公司不得不申请公共基金的支持。然而，危机还没有结束。2009 年，销量进一步下滑，同比下降 22%。

与此同时，现代汽车（既不生产豪车，也不生产跑车）和竞争对手一样，在 2008 年销量大跌（下降 14%），却在 2009 年实现了看似不可能的目标。它在 2008 年销量的基础上，还增加了 8 个百分点！业内专家大跌眼镜：这家韩国低端汽车制造商居然比一线汽车制造商活得更滋润。秘密很简单：多年来，现代公司员工一直接受的培训是，要站在客户的角度，像客户一样思考问题。因此，他们不难理解客户推迟买车的决定。现代公司将这种意识贯彻到决策过程中，迅速开展促销活动，把风险从客户转移到厂商。现代公司所有的经销商宣布，如果客户在接下来的 12 个月内失业，现代将允许他们归还汽车，并退还购车款，当然，要考虑到汽车的贬值因素。因此，客户最后收回的金额对双方都公平。这对购车者来说当然是好消息。既然厂家为客户承担风险，客户大可不必放弃购买新车的梦想。因此，接下来发生的事情就顺理成章了。之前打算购买现代汽车的客户按原计划购买，更重要的是，现代汽车出色的优惠条件还吸引其他品牌用户转投到它的旗下。这样，在制定和实施商业决策时，运用理解客户这一公司价值观是一个关键因素，正确的价值观帮助现代公司取得了巨大的成功。现代汽车在美国市场的份额在 2008 年至 2012 年间几乎翻了一番。

因此，价值观不仅重要，还能带来真正的投资回报。但是，如果其他人不尊重我们的价值观，该怎么办？我们在一个多少令人讶异的领域，发现了能够证明价值观重要性的最显著证据，以及领导者在组织文化建构中扮演的关键角色。

意大利黑手党的诞生时间是一个谜，它富有神秘色彩，但有一点可以肯定：不管听起来多奇怪，黑手党（尤其是西西里黑手党或科萨·诺斯特拉组织）过去是、现在仍然是一个建立在一套非常明确的价值观基础上的组织。在黑手党历史上那些有关它的传奇故事中，有 3 点引人注目：黑手党强大江湖地位的确立基于其组织价值观体系，后来其领导者违反了这些价值观，导致该组织陷入了严重的危机，然而在失去地位后，黑手党决定重建组织文化，再度崛起。

女士们先生们，大家请坐好，我们准备从地下世界学习一点商业智慧。

科萨·诺斯特拉是意大利四大黑手党之一，毫无疑问，也是其中最著名的一支。这是马里奥·普佐（Mario Puzo）一系列小说的主题，是后来形成电影《教父》三部曲的基础。尽管电影主要以美国为背景，其中呈现的事件并没有完全忠实或准确地描述科萨·诺斯特拉组织运营的真实面貌，但这三部曲依然很受欢迎，曾斩获奥斯卡 9 项大奖。这样，一部真正的经典黑帮电影诞生，西西里黑手党成了全球关注的问题。这些电影的成功向全世界普及了（显然是无意的）黑手党的运作方式。

科萨·诺斯特拉的真实故事实际上开始于 100 多年前，有些活动痕迹甚至可以追溯到更早的时候。一些黑手党研究爱好者坚持认为，西西里黑手党起源于反对安茹王朝西西里国王查理一世的抵抗运动。由于西西里的晚祷者起义，当地居民奋起反抗法国政权，查理一世失去了对西西里的控制。

根据一个广为人知但真实性存疑的故事，“黑手党”一词是起义期间高呼的口号“morte alla Francia, Italia anela（法国之死是意大利的呼声）”首字母的缩写。尽管这个故事并不符合实情，但西西里黑手党以自己的方式发起了一场抵抗运动。当政治纷争经常夺去西西里人的辛勤劳动成果时，他们努力保护他们的利益。西西里岛一直是城头变幻大王旗。法国安茹王朝的查理一世被推翻后，该岛落入阿拉贡国王手中，后者攻击流亡的安茹人。15 世纪中叶，西西里岛与那不勒斯王国重新统一，出现了短暂的和平时期，可好景不长，后来哈布斯堡家族夺取政权。后者又被波旁家族取代，并一直统治到 1860 年。

与此同时，传奇的意大利民族英雄朱塞佩·加里波第（Giuseppe Garibaldi）试图重新统一分裂的意大利，他的军队从西西里出发。1860 年 5 月，他那仅 1000 人的小型军队在巴勒莫背水一战，令所有人惊讶的是，这支小型军队居然大获全胜。经过 3 天的激烈战斗，具有数倍兵力优势的波旁军队放弃巴勒莫，并很快撤出整个岛屿。加里波第带领他的红衫军向那不勒斯进发，最后在 9 月 6 日占领了那不勒斯。意大利统一的进程已经开始。

然而，这并不意味着西西里岛问题的结束，240 万西西里人融入意大利的过程并不顺利。当时还有一些战斗在继续，小规模反叛也不时发生，最后政府在西西里实施戒严令。所以，厌倦了压迫的西西里人逐渐建立自卫武装组织，当地望族成为保境安民的中坚力量。

但是，那时还没有人将这些日益壮大的家族冠以“黑手党”之名。“黑手党”一词在意大利语中形成，一部分原因是通过葛洛斯比·瑞索多（Giuseppe Rizzotto）和加埃塔诺·莫斯卡（Gaetano Mosca）合编的热门歌剧《维卡瑞亚的美丽人们》（意大利语 I mafiusi di la Vicaria，其中 mafiusi 指一群囚犯）而广为人知，还有一部分原因是政府当局自己的功劳，他们在该歌剧流行后，开始以该词指代巴勒莫家族。“黑手党（mafia）”这个词可能来自当时西西里岛居民使用的意大利－阿拉伯俚语，在这些俚语当中，有诸如 mu'afa（保护）或 marfud（弃民，亡命之徒）之类的词。真正的黑手党成员当时没有使用这个词，在 19 世纪末，他们把组织简单地称为科萨·诺斯特拉，意为“我们的事业”。

几个世纪以来，科萨·诺斯特拉一直被许多当地人视为良善的力量，再往坏处说，最多就是一个中性的组织。这是因为黑手党成员始终遵守某些不成文的规则，这些规则构成了该组织共同价值准则的基础：无正当理由不伤害当地人，不与其他黑手党家族进行不必要的斗争，不攻击政府当局及其代表（除非有绝对必要），不从事卖淫活动，以及缄默法则——对与黑手党有关的事情保持绝对沉默。黑手党成员恪守这些规则，使得打击科萨·诺斯特拉的活动变得异常困难，西西里的居民没有人愿意与政府当局合作。

几十年来，各大黑手党家族首领一直在监督其成员对规则的遵守情况，在20世纪80年代以前，有关该组织的结构和决策机制的细节仍然不为外人所知。到了20世纪80年代，官方调查人员才能利用黑手党前成员的证词，更清楚地了解该组织的真面目。

科萨·诺斯特拉由西西里几大家族组成，其中巴勒莫家族的实力一直最强大。最有实力的几大家族首领组成一个协商委员会，它的功能基本上和一般商业组织的管理董事会一样：它是讨论事务的论坛，信息交流的平台以及做出重大决策的地方。这个委员会最重要的决定是选举所有首领中的首领，即黑手党党魁，选出来的这个人是最有权势的人，要作为董事会主席管理科萨·诺斯特拉，并强制每个家族遵守帮会的游戏规则。黑手党党魁一直是巴勒莫家族的成员。

与此同时，一个不寻常的情况正在发生，而巴勒莫家族长期以来都没有加以留意。在墨索里尼独裁时期以及后来的战争年代，西西里岛西北部小镇科利昂有一个黑手党家族开始崛起。当时科利昂家族首领是多托勒·米歇尔·纳瓦拉（Dottore Michele Navarra），他在社区中是一位非常受敬重的医生，当地人称他为“我们的父亲”，在西西里方言中也是这样称呼上帝的。纳瓦拉表现出了相当大程度的政治灵活性。作为镇上的头面人物，他决定与贝尼托·墨索里尼的特使塞萨尔·莫里（Cesare Mori）省长进行谨慎的合作，后者采取果断的行动，消除岛上的犯罪活动，瓦解了当地最有势力的旧黑手党家族。纳瓦拉与政府的合作让他可以一石二鸟：确保政府当局放他一马，同时也消灭了最强劲的对手。

乔治·巴顿（George Patton）率领近50万大军抵达西西里岛对纳瓦拉来说也只是一个小插曲，纳瓦拉巧妙利用他的家庭关系——他的堂兄安杰洛·迪·卡罗（Angelo di Carlo）在10多年前移民到美国，他不仅是黑手党杀手，而且还是一名海军陆战队上尉——开始与新势力搭上线。

在米歇尔·纳瓦拉掌权时期，发生了多起报复性事件，在1944年至1948年很短的时间内，盈尺之地的科利昂就发生了150起谋杀案。这位良医没有引起众人的疑心。纳瓦拉身边围绕着一批效忠于他的暴徒，负责执行他的计划。其中最亲密和最让他信任的心腹之一是卢西亚诺·莱格奥（Luciano Leggio）。莱格奥出生于一个贫困潦倒的农民家庭，个性谦逊却非常冲动。多年来，莱格奥在首领的指使下杀人灭口、刺杀对手，同时他也心怀鬼胎，打着自己的算盘。莱格奥野心勃勃，企图另立帮派，但他必须保证不会明显影响到纳瓦拉的利益。

然而到了某个时候，两人的利益不可避免地发生了冲突。围绕莱格奥深度参与的一个大坝建设合同，双方的利益发生巨大冲突。如果建设大坝，就损害了与纳瓦拉结盟的家族的既得利益，因为他们是现有供水系统的股东，凭借这个供水系统，他们可以对当地居民和企业的用水任意定价。修建大坝之后，就结束了这些家族的好日子。纳瓦拉以很直接的方式表明他在这件事上的立场，他派手下伏击卢西亚诺·莱格奥，打伤了他的肩膀。

纳瓦拉认为这个教训足以让这个忠实心腹记住谁才是科利昂家族的老大。他笃信自己的地位和名誉不可侵犯，他的权威不容置疑。

他经常独自旅行，不带保镖。然而一次单独驾车旅行却要了他的命。1958 年 8 月 2 日，纳瓦拉在车上被两辆汽车拦住，随后一阵机枪扫射，他身中 92 发子弹，完全没有机会还击。纳瓦拉当场死亡。凶手不是别人，正是卢西亚诺·莱格奥，他从纳瓦拉的意图中体会到了完全不同的意义。

莱格奥接手了纳瓦拉的事业，他的两个最亲密的盟友，萨尔瓦托勒·里纳（Salvatore Riina）和贝尔纳多·普罗文扎诺（Bernardo Provenzano）也随之鸡犬升天。这个三人组合对未来科萨·诺斯特拉的发展起着非常重要的作用。

在接下来的几年里，卢西亚诺·莱格奥精心选择盟友，同时对对手进行无情地打击，以巩固自己的地位。他以策划和实施大型犯罪行动而闻名。例如，1973 年 6 月，他伙同很有权势的卡拉布里亚黑手党光荣会，在罗马法恩尼斯宫绑架了当时一位世界巨富的孙子约翰·保罗·盖蒂三世（John Paul Getty III）。经过长时间的谈判，这名 17 岁少年的家人在收到他的一只耳朵之后，为他的获释支付了近 300 万美元的赎金。赎金支付后不久，这名少年在意大利南部被释放，此时距离他被绑架已经过了半年多。事实证明，绑架一位巨富的孙子是要付出代价的，抓捕莱格奥成了当地警察和宪兵的首要任务。1974 年 5 月 14 日黎明，政府当局在莱格奥情人的家里逮捕了这个毫无戒备之心的暴徒。莱格奥被判处监禁，但像他的前任首领一样，他也试图在狱中遥控科利昂家族的运作。

然而事实证明，历史总是相似的，他最亲密的战友萨尔瓦托勒·里纳慢慢接管了他首领的事业。消息传到了莱格奥的耳中，他命令所有手下听从普罗文扎诺而不是里纳的命令。作为报复，里纳破坏了首领的出狱计划。正如一名警方线人多年后说的那样，只需要里纳一句话，莱格奥早就出狱了。一场关于阴谋和权力的影子游戏迟迟没有停止。

1975 年，协商委员会觉得有必要召开会议，处理一些帮会的内部问题，包括各大家族对待绑架的态度（莱格奥自己也得到了深刻的教训，从长远来看，绑架弊大于利），以及选择新黑手党党魁。莱格奥又给了里纳一次机会，决定让普罗文扎诺和里纳两人代表他出席会议。

巴勒莫家族坚决要求停止绑架，指出绑架会带来不必要的风险。只有里纳一人表示反对。会议最后在激烈的冲突中结束，随后很快升级为公开的战争。里纳决定向大家证明，谁才是科萨·诺斯特拉真正的话事人。尽管协商委员会已经发布禁令，他还是组织绑架了路易吉·科利奥（Luigi Corleo），后者不仅是西西里最富有的人之一，还是巴勒莫家族两个颇具影响力的首领的亲戚，所以他认为无人敢碰自己。路易吉·科利奥的家人被激怒了，拒绝支付巨额赎金——据说超过 2500 万美元——

期望通过他们的人脉关系来解决此事。

最后悲剧降临在了科利奥身上，他被谋杀了，因为里纳决定以武力控制科萨·诺斯特拉。巴勒莫家族本来有机会阻止他，因为如果加埃塔诺·巴达拉梅蒂（Gaetano Badalamenti）和斯特凡诺·博塔德（Stefano Bontade）联合起来，火力会比里纳强大。然而，他们两人都患上了火鸡综合征，仍然固执地坚持几十年来的行事方式，忽略了萨尔瓦托勒·里纳和科利昂家族的实力，还一直轻蔑地称他们为泥腿子，忘记了20世纪40年代黑手党党魁，如根科·鲁索（Genco Russo）和卡洛杰罗·维兹尼（Calogero Vizzini），也来自农村。巴达拉梅蒂和博塔德并不认为里纳是一个威胁，因为没有人敢挑战巴勒莫家族的权威。然而他们很快就意识到这是一个多么严重的错误。

科利昂家族的基本盘在毒品市场，而老派黑手党首领通常都排斥毒品生意，讨厌卖淫活动。里纳并不尊重黑手党几个世纪以来培养出来的这种价值观，认为这种价值观束缚了他大展拳脚的空间，因此，他很快就摒弃了其中的大部分内容。他要求当地居民完全服从组织的命令，任何批评意见都会招致严厉的惩罚。例如，科利昂家族杀害了马里奥·弗兰西斯（Mario Francese），后者是一家广受欢迎的报纸《西西里日报》（*Giornale di Sicilia*）的记者，该报多年来一直报道以里纳为首的科利昂家族的活动。弗兰西斯唯一的错误是发表了一篇对里纳当时的未婚妻妮内特（Ninette）的简短采访，里纳认为，采访内容里对他有负面评价。几年后，这名记者被枪杀。这符合科利昂家族的行事原则，即最好的宽恕就是复仇。在 20 世纪 80 年代初，另一个禁忌被打破，科利昂家族公然违反科萨・诺斯特拉的准则，与政府当局和警察对抗。任何人以任何方式伤害到科利昂家族，都将被处死。例如，他们杀害了巴勒莫警察局副局长鲍里斯・朱利亚诺（Boris Giuliano）和宪兵队长伊曼纽・巴西尔（Emanuele Basile），以及上诉法院院长塞萨尔・泰拉诺瓦（Cesare Terranova）、西西里基督教民主党主席皮耶桑蒂・马特雷拉（Piersanti Mattarella）和基督教民主党秘书米歇尔・雷纳（Michele Reina）。

这些杀戮都没有得到协商委员会的批准，所有成员对此愤怒不已。协商委员会最有权势的成员之一斯特凡诺・博塔德下令立即对科利昂家族采取行动，他是来自巴勒莫市的圣玛利亚・迪・格索家族的首领。

里纳以他特有的风格还以颜色，再次打破了游戏规则。1981 年 4 月，博塔德在 42 岁生日那天，被科利昂家族的头号杀手朱塞佩・格雷科（Giuseppe Greco）手持卡拉什尼科夫冲锋枪，枪杀于自己的阿尔法・罗密欧跑车之中。除掉博塔德只是里纳计划的开始。凭借对西西里岛家族世仇规则和逻辑的完美理解，他决定铲除任何将来可能威胁到他的人。于是他又杀死了博塔德的得力助手萨尔瓦托勒・因泽里洛（Salvatore Inzerillo）及其 16 岁的儿子——他儿子按照传统，会在长大后为父亲报仇。与此同时，萨尔瓦托勒・因泽里洛的哥哥皮埃特罗（Pietro）也在纽约去世。没有人能控制这场无休止的杀戮，就这样，一场血腥的黑手党战争爆发。据报道，在接下来的几年里，有 1000 多人在这场战争中丧生。

意大利政府不能再放任冲突继续发展下去，所以派传奇人物卡罗·阿尔贝托·达拉·基耶萨（Carlo Alberto Dalla Chiesa）来到西西里岛。达拉·基耶萨是一名宪兵将军，他曾经的辖区在皮埃蒙特的奥斯塔山谷地区。从 1974 年开始，他在都灵领导一支反恐部队，与激进的左翼红色旅作战，后者要对 1978 年意大利前总理、基督教民主党人阿尔多·莫罗（Aldo Moro）的被绑架和谋杀负责。在达拉·基耶萨的打击之下，红色旅创始人雷纳托·库尔乔（Renato Curcio）及其亲密战友阿尔韦托·弗朗切斯基尼（Alberto Franceschini）被捕，该组织在 20 世纪 80 年代初垮台。

因此，达拉·基耶萨是打击西西里岛有组织犯罪的理想人选。他被任命为巴勒莫省省长，并得到政府当局的明确命令：除掉科萨·诺斯特拉，尤其是科利昂家族。基耶萨将军于 1982 年 4 月 30 日抵达西西里岛，同一天，共产党议员皮奥·拉·托雷（Pio La Torre）遇刺身亡。

达拉·基耶萨向里纳和他的党羽发出了挑战，到达后不久便在科利昂组织了一次西西里岛主要城市市长会议。会议期间，他要求所有市长保证完全忠诚，并坚持要求他们向他传达任何可能与科萨·诺斯特拉有关的信息。他还联系到美国驻巴勒莫领事拉尔夫·琼斯（Ralph Jones），希望得到他的支持。达拉·基耶萨的一系列措施，再加上将军的名声在外，使得科利昂家族深感不安，他们决定用老办法解决新问题：在到达该岛整 100 天时，达拉·基耶萨及其妻子伊曼纽尔·塞蒂·卡拉罗（Emanuela Setti Carraro）死于 8 名刺客的乱射之中，为首者正是朱塞佩·格雷科。

巴勒莫家族首领之一多玛索·布西达（Tommaso Buscetta）密切关注着上述所有事件。布西达在美国人脉通达，被称为“两个世界的教父”。布西达明白，支撑科萨·诺斯特拉强大的准则已经不存在了，科利昂家族的举动已经摧毁了旧的游戏规则。除此之外，里纳的属下还袭击他的家人，谋杀了他的两个儿子和一个兄弟，而他自己将是下一个目标。因此，1984 年 7 月，布西达决定走出史无前例的一步，打破缄默法则，与乔瓦尼·法尔科内（Giovanni Falcone）法官合作。正如他在证词中所说，不是他背叛了科萨·诺斯特拉，而是科萨·诺斯特拉背叛了他。

乔瓦尼·法尔科内法官是一个不同寻常的人物。1939 年，他出生于巴勒莫市港口区，在这个黑手党统治的地区，加入黑手党是一个比较自然的职业选择，他来自同一地区的朋友托马索·斯帕达罗（Tommaso Spadaro）就是如此。然而，法尔科内却做出了不同的选择，他决定在巴勒莫大学学习法律，之后成为一名法官。20 世纪 80 年代，他和儿时的朋友保罗·博塞利诺（Paolo Borsellino）成为反对科萨·诺斯特拉斗争的重要力量。

布西达的证词是一个双重打击：证词不仅揭露了科萨·诺斯特拉的运作方式，导致其许多成员在随后的几年中遭到逮捕，而且还鼓励其他帮派成员（总共 270 人）向政府当局投诚。他们成立了一个名为忏悔者的组织，所提供的信息促成了第一次马克西审判，这是西西里黑手党有史以来遭受到的最大打击。审判的主要发动者是法官乔瓦尼·法尔科内，共有474人接受了审判。

最终，法院判处19名科萨·诺斯特拉成员意大利法律允许的最高刑罚：无期徒刑。其中包括萨尔瓦托勒·里纳，他在缺席的情况下依然被判有罪。另有338人一共被判处2665年监禁。

警察和宪兵开始追捕逃跑的黑手党成员。

里纳没打算不战而降，他的头号敌人当然成了法尔科内法官。多次暗杀失败后，科利昂家族终于得逞：1992年5月23日，他们将几百磅炸药埋在巴勒莫至特拉帕尼高速公路下的管道里，炸死了乔瓦尼·法尔科内、他的妻子和3名保镖。不到两个月，黑手党又给了司法系统一拳重击。在巴勒莫，保罗·博塞利诺在他的朋友死后，接管了对科萨·诺斯特拉的调查，然后他又被暗杀。

然而，这些暗杀产生了黑手党没有预见到的影响。几十年来，当地居民一直与科萨·诺斯特拉相安无事地共处，对帮派分子的恶行也视而不见。但这些杀戮激起了社会的极大愤怒，并对政府当局施加了巨大的压力，促使他们不得不试图一劳永逸地解决西西里岛的暴力问题。1993年5月，教皇约翰·保罗二世在对西西里为期3天的访问达到高潮时，谴责了西西里黑手党成员，他们中有许多人都是虔诚的教徒。在阿格里真托附近的一次10万名信徒参加的弥撒中，教皇非常愤怒。他放弃早些时候准备好的布道，情绪激动地要求黑手党成员忏悔，这些话铭刻在了在场者的记忆中。政府当局重装上阵，加紧处理科萨·诺斯特拉问题，这个组织的很多成员锒铛入狱，当地人越来越公开支持政府的行动。其中一个决定反对黑手党的人是巴尔达萨尔·迪·马吉奥（Baldassare Di Maggio），他曾一度是里纳的亲信，知道首领的藏身之所。他的证词为当局提供了突破口。1993 年 1 月 14 日 8 时 52 分，一个宪兵师包围了里纳所在的大楼，塞尔吉奥·德·卡普里奥（Sergio De Caprio）上尉亲自逮捕了这个暴徒。在被捕的时候，这位黑手党党魁大惊失色，没有进行任何抵抗。

实力大大削弱的科利昂家族最后一次集结力量，在接下来的几个月里进行了一系列疯狂的暗杀活动，目标显然是针对意大利国家本身。意大利很多城市发生了爆炸事件，包括罗马和佛罗伦萨，著名的乌菲兹美术馆部分建筑被毁，一些无价之宝葬身火海。然而，其中两起罪行尤其恶劣，举国上下为之震惊。在这两起罪行中，科萨·诺斯特拉又破坏了黑手党世代沿袭的两条准则。作为对教皇约翰·保罗二世言论的报复，1993 年 7 月 27 日，圣约翰拉特兰大教堂发生爆炸。不到两个月后，一位名叫皮诺·普利斯（Pino Puglisi）的神父因公开谴责黑手党被谋杀。

科利昂家族通过这些行动，向教会发起挑战，这是信奉天主教的西西里人无法原谅的。当科利昂家族绑架了 11 岁的朱塞佩·迪·马特奥（Giuseppe Di Matteo），一位忏悔者的儿子时，市民们的愤怒达到了顶点。这个男孩在囚禁两年后被勒死，匪徒把他的尸体抛入强酸中。这一暴行甚至让一些匪徒也无法忍受，打破缄默法则的黑手党成员人数增加到近 500 人。警察和宪兵逮捕了更多的成员，摧毁了协商委员会。被捕者中有暗杀乔瓦尼·法尔科内和绑架朱塞佩·迪·马特奥的幕后策划者——乔凡尼·布鲁斯卡（Giovanni Brusca）。1995 年，里纳的一个亲戚利奥卢卡·巴加里拉（Leoluca Bagarella）也被捕了，他曾试图控制整个科萨·诺斯特拉，成为新党魁。

在多年坐视黑手党问题不管之后，意大利政府展开了自墨索里尼时代以来首次富有成效的大规模行动，最终导致了科萨·诺斯特拉的分裂。意大利政府之所以能成功，仅仅是因为黑手党领导人萨尔瓦托勒·里纳犯了一个根本性的错误，他抛弃了构成缄默法则基础的神圣的组织价值观。如果不是黑手党 1981 年的家族战争，对意大利政府和教会的直接攻击，以及对当地民众前所未有的暴行，那么就不会有忏悔者的出现，政府镇压黑手党的行动也只能无功而返。20 世纪 90 年代后半期，意大利警方宣布对科萨·诺斯特拉的战争取得全面胜利，并将注意力转向日益强大的卡莫拉——那不勒斯黑手党。

但是，在这一切如火如荼地进行的时候，普罗文扎诺在做什么？原来他采用了一个非常明智的策略，使得他在 20 世纪 90 年代成功躲开了政府的追捕。自 1963 年以来，一直追踪普罗文扎诺的调查人员面临的最大问题就是，他们手上有关这个恶棍的唯一照片拍摄于 1959 年。与其他首领不同，普罗文扎诺非常低调，他总在幕后管理帮会事务。有一句老话，小心驶得万年船，这简直是普罗文扎诺人生经历的总结。他在利奥卢卡·巴加里拉被捕后，在无人与之竞争的情况下接管了整个科萨·诺斯特拉。他的第一个决定是采用一种他称之为“沉没”的策略，这实际上意味着要完全从政府的侦察雷达上消失，并让媒体报道保持沉默。此举致力于帮助组织恢复元气，并重新获得当地民众的支持。事实证明，普罗文扎诺对科利昂家族和其他黑手党家族产生了很大的影响：1995 年后，西西里岛谋杀案数量大幅下降，轻度犯罪也是如此。这名党魁知道这是重建科萨·诺斯特拉的唯一途径，所以公开支持回归该组织的旧价值观（例如，他为被捕成员的家庭提供经济援助，这一传统在萨尔瓦托勒·里纳手中已经废除了），并禁止对忏悔者的家人进行报复。其他黑手党家族越来越欣赏他的和解作风，在此基础上，他越来越多的策略都是双赢的，所有参与者都能从中获利，他自己也反复说“有饭大家吃”。这种行事方式使普罗文扎诺赢得了他人的尊重，巩固了他作为整个组织领导者的地位，反过来又使他对他人的行为产生了更大的影响，从而也影响了科萨·诺斯特拉的组织文化。普罗文扎诺也显露出战略性思考的能力，并在 20 世纪 90 年代末为黑手党选择了一个新的发展方向。

鉴于欧盟各种结构基金对意大利经济的援助逐年增加，他决定加大科萨·诺斯特拉对公共服务部门和建筑业的投资，这两个部门是此类援助的主要受益领域。西西里黑手党控制的公司赢得了一个又一个合同，并经常慷慨解囊，对相关决策者表示谢意。按照普罗文扎诺的逻辑，黑手党应该在自己赚钱的同时，也要让别人赚钱。就这样，皆大欢喜。科萨·诺斯特拉开始复兴，这一次它悄无声息地控制了一个具有战略定位而且管理完善，由成千上万家遍及意大利和国外的企业交织而成的网络。

贝尔纳多·普罗文扎诺是一位管理组织价值观的真正领袖，他以这种非凡的手段，成功地重建黑手党的势力，并恢复了它古老的文化和价值观。这在政府当局看来，几乎是不可能完成的任务。

从这位黑手党党魁在科利昂附近的藏身处发出的信件中可以总结出7条规则，这位领袖号召他的党羽及其他家族谨遵教诲：

1. 隐身：不要惹麻烦。完全没有人谈及你总比别人说你坏话好。在最坏的情况下，暂时停止活动。

2. 谈判：保持冷静和坚定，清楚地表达自己的观点。传授下属谈判的艺术，谈判比用武力将你的意志强加于别人要好。

3. 为社区服务：要让民众看到你在为社区利益奋斗。所以，永远要倾听那些带着个人或企业问题来找你的人，并尽你所能帮助他们。

4. 让上帝站在你这边：要表明你是一个有真诚信仰和崇高道德的人，并且你要尊重规则，在有必要时进行惩罚和伸张正义。

5. 政治上要灵活：不要执着于单一的意识形态。要到处寻求盟友。

6. 创造性：在出现丑闻或破产的情况下，你必须重塑自己，让外界知道你已经改变很多。

7. 谦逊：展示你就像其他人一样，只是一个普通人。不要太傲慢或势利，要接近民众。

73 岁的贝尔纳多·普罗文扎诺最终于 2006 年 4 月 11 日在离科利昂不远的地方被捕，随后被监禁，他早在 1992 年就被判处终身监禁。2016 年 7 月 13 日他死于膀胱癌手术后的并发症。他重建后的科萨·诺斯特拉目前被视为最具危险性的意大利黑手党之一，其非法活动的年收入估计超过 1000 亿美元。

领导者是决策基础结构的缔造者

现在，魅力型领导模式远不如以前受器重，不仅是因为如今人们渴求领导者具备其他的优秀特质，更重要的是因为这种模式非常容易出错。正如无数人证明的那样，魅力型领导常因早期的成功而沾沾自喜，但在新常态环境下，他们又容易轻率冒进而导致失败。有一句老话，伟人总是孤独的，今天听起来更像是警示之语，而不是一句简单的人生感悟。

如果你独自一人做决策，犯错误的风险会变得更大。因此，许多高瞻远瞩、聪明睿智的领导者，努力让自己置身于能为其做出更好决策而提供支持的团队之中。这方面一个很好的案例就是肯尼迪总统设立的执行委员会，它在 1962 年古巴导弹危机期间发挥了至关重要的作用。在商业组织中也是如此：衡量领导者是否优秀的一个标准，就是他们所吸纳人才能力的高低。

因此，建立一个良性的决策基础结构不仅仅是建立某些程序、原则和规范，确保有合适的人才参与决策过程也很重要，这些人才要理解他们的角色，并对他们的下属有责任感。这可能像一个员工招聘问题，但事实并非如此。当然，找到合适的求职者真的很难。最大的问题在于激励现有员工，并把他们的精力集中到正确的方向上。换句话说，你必须让他们真正参与进来。

瑞士圣加仑大学海克·布鲁赫（Heike Bruch）教授的研究结果非常有趣，但并不令人欣慰。布鲁赫专门研究有关员工敬业度、动机和组织能力的问题，他决定调查一个简单的问题：在一个典型的公司中，根据管理者在日常工作中关注公司优先事项和在工作中投入精力两个方面的结合程度，计算各种管理者的百分比。根据实验结果，布鲁赫将管理者分成 4 类：

1. 拖延者（缺乏活力和不够专注）

他们为工作而工作，而且一般都很勤奋。然而，他们缺乏主动性，不愿主动付出努力。而且，他们总是把紧急事务往后推迟。他们看起来忙忙碌碌，但成就很少。布鲁赫教授的研究表明，平均而言，一家公司 30% 的管理者都属于这种类型。

2. 怠业者（比较专注但缺乏活力）

顾名思义，这一类别的管理者对工作不是很上心。他们缺乏动机和责任感，许多人表现出布鲁赫所说的“防御性回避”：他们逃避问题，欺骗自己问题不存在，而不是直面问题并寻找解决办法。还有一些怠业型管理者即使知道问题的存在及其严重性，也经常不采取行动。这一类管理者占 20%。

3. 注意力分散者（极具活力，但不够专注）

此类管理者经常被认为是一个组织中的驱动力，因为他们总把活动和行动混为一谈。到处都有他们的身影，好像忙得不可开交。他们倾向于通过行动而不是反思来应对危机，这可能会使他们更加危险。对他们来说，制定策略很难，适应变化也很难。最重要的是，这些过于热情但总是弄巧成拙的管理者经常承诺过多，从而让他们本已脆弱的专注力和甄别事情轻重缓急的能力更是捉襟见肘。根据布鲁赫教授团队的研究，这类人可以占到公司管理者的 40%。

4. 目标明确者（集中精力和充满活力）

最好我们雇用的所有员工都属于此类。这类管理者敬业，并清楚地理解组织的愿景、战略和优先事项。他们工作努力，也是最有可能实现关键的长期目标的人。通过简单的计算，我们可以知道，这种得力能干的管理者仅占公司管理者的 10%。

换句话说，我们雇用或者与我们共事的 90% 的管理者，尽管看起来工作很努力，但实际上工作效率很低，这就是海克·布鲁赫教授所说的“积极不作为”：工作很努力，但是产出甚少。他们在公司里，就像在车轮上奔跑的仓鼠。

就决策而言，前 3 种无效率的管理者类型都可能产生严重后果。拖延者通常会忽视真正重要的事项，有不作为的危险。注意力分散型管理者身上也会出现相似的问题。尽管与拖延者相比，他们工作更积极，但他们的努力就像一门大炮随机向许多目标发射炮弹，无一命中。注意力分散型管理者的决策通常也比较拙劣，这一点会让他们的同事感到惊诧不已：这样努力工作、精力充沛的一个人怎么会漏掉如此重要的事情呢？怠业型管理者又是另一回事。对他们而言，决策过程的关键因素是他们团队的水平，因为虽然这些管理者可以做出正确的决策，但他们无法驱动整个团队向正确的方向努力。如果他们的团队和同事能够接手这项任务，这项决策就会得到正确的执行。这类管理者失败的经历不胜枚举，同样令人难以相信并感到愤怒。我记得有一位才华横溢、经验丰富的营销人员，他为我的一位客户工作，并热情投入该公司产品的市场重新定位之中。他忙得不可开交，牺牲个人生活，许多个漫长夜晚和周末都在办公桌前埋头苦干。起初，他的团队很高兴，因为他们的新主管能干、专业、敬业、勤奋。然而令人伤心的是，几个月后他被解雇了，因为当他意欲改变公司产品的形象时，所用的方式却完全违背了公司现有产品组合开发的战略和愿景。他表现出典型的混合性特征，即极具活力、不够专注和对战略重点理解不足。

有一个人的例子更引人注目，我曾与他共事一年多。这个人就像一只正在晒太阳的蜥蜴，积蓄力量准备下一步行动。“蜥蜴先生”（既然在前面已经有了“火鸡先生”，我们就暂且称呼他“蜥蜴先生”吧）差不多就是这样行事的。长时间无所事事，偶尔有点动作。然而，更糟糕的是“蜥蜴先生”拥有真正非凡的头脑：他是一个高度理性和富有逻辑的人，有着出色的商业本能，具备战略性思考的能力，并且非常有创造力。简而言之，如果他不是像蜥蜴一样有一个懒洋洋晒太阳的习惯，他会是一个理想的领导者。不幸的是，他是一个独立的专家，公司不可能给他安排一个团队以实现他的想法，所以“蜥蜴先生”必须亲力亲为。他能提出好的想法和决策，却并不能贯彻到底，这让公司对他恼火不已，自然在公司里就不受欢迎了。“蜥蜴先生”会思考，但没有行动。当人们看到“蜥蜴先生”的一些有才气但未被实施的想法被竞争对手采纳时，这种恼火程度会成倍增长。

培养一种孕育良好决策的文化，就需要创造一种让员工充分认识到他们必须对自己决策的任何后果负责的环境。这要求公司能够设定精确的界限，任何相关员工都可以在此范围内做出决策。哈佛大学心理学教授理查德·哈克曼（Richard Hackman）表示，最佳的组合是设定决策的方向和限制条件，然后让员工自行选择去满足商定的参数和标准的方式。

因此，成功构建有效决策基础结构的良方是将两个要素结合起来：建立明智审慎的决策流程和程序，这些流程和程序需要一直处于修订当中（根本原因分析法在此大有裨益），并且不断传达到既定个人或团队负责的愿景和目标之中。相比于将某些方法强加在员工身上的方式，如果员工知道自己的目标，并能在自己的领域内自行做出选择，他会更有责任感，从而更努力地去实现自己的目标。所谓微观管理，就是详细规定员工每一步该怎么做，而且偏执地渴望向员工展示每一步该做什么，这是扼杀员工敬业精神的一种完美方式，对职业上还有很大发展空间的人才来说，更是如此。激励一个建筑工人的最好方法不是告诉他如何砌砖，而是向他展示他参与建造的大教堂是多么辉煌宏大。安托万·德·圣埃克苏佩里（Antoine de Saint-Exupéry）说过："如果你想造一艘船，不要竭力要求人们去收集木材，也不要给他们分配任务和工作，而要激发他们对浩瀚大海的渴望。"真正的领导者永远将这一点铭记在心。

根据彼得·德鲁克的定义，领导力与决策密不可分，反之亦然。领导者任重道远，他们需要针对可能产生重大影响的问题做出正确的战略选择，让他们周围的世界变得更美好，因此他们的决策必须尽可能完美。领导力的高低影响决策的质量，这一点不仅体现在商业领域，在任何组织都可以看到，当然，在商业领域更容易衡量其具体大小。循着德鲁克的思路思考下去，良好的管理或者说"正确地做事"在今时今日是不够的，因为新常态下一个令人不快的特征就是我们之前提到的悖论：你可以以一种完全理性、有利可图以及合乎逻辑的方式行事，但是如果一个决策与组织宣称的价值观和公司品牌所做的承诺相抵牾，你仍然会犯下致命的错误。

这时能够勇敢走出来当机立断的人往往会成为领导者。那些面临困难挺身而出并做出正确决策的人会被其他人另眼看待，并追随其左右。当人们寻求确定性时，他们会把眼光投向那些勇敢、有着清晰愿景、自信的人，最重要的是，这些人有过骄人的成绩，能够令人信服。一个人的权威一方面来自知识、经验和鲜明的个性，一方面来自曾经做出正确决策而带来的辉煌成就（很少人愿意追随那些屡战屡败的人）。如果一个人具备这样的权威，就自然能成为领导者。

任何想成为领导者的人都应该谨记，知识和经验可以通过时间积累，但塑造个性需要一生的时光。就此而言，领导力需要长期培养，需要用经验逐渐充实自己。好的一点就是，你在这方面的优势不可能突然倒退，因为我们不可能在一夜之间失去经验，或者改变我们的个性。我们面临的更大危险是良好决策和由此产生的成功之间的悖论性难题。

在黑天鹅事件频发的新常态下，人们很容易犯错，可能因为一个决策失误就会失去你的权威和领导地位。此外还有，造成惊天错误最常见的原因不是外部因素，而是我们自己。更糟糕的是，我们几乎无法控制这些我们身上与生俱来的负面因素。

在成为优秀领导者的路上，我们是自己最大的敌人。

领导者在决策中的 4 种角色

1. 梦想家和战略家

作为领导者，你要决定整个组织的发展方向，并选择相应的战略。所有决策要基于确凿的数据和逻辑，不要沉醉在过去的成功和战无不胜的幻觉中。不要忽略组织运作中软的一方面，因为现在这方面的作用越来越重要。要大胆，也要谨慎。决策过程中，尽可能多地吸纳有能力、有才智的人参与进来，确保你的团队当中存在一些经常与你意见不一致的人。不要犯下与拿破仑、希特勒或约翰逊一样的错误。警惕自己有意或无意地向属下施加压力。你的人格魅力越大，过去的成绩越辉煌，你就越有可能成为别人的权威，他们会不加批判地接受你的意见和决定。这是一种极其危险的状态，却难以避免。毕竟，我们都会享受别人随声附和的感觉。真正的领导者会不断质疑现状，即使这现状是他们亲手打造的也不在乎。

2. 变革的推动者

你要负责打造现实。作为领导者，你的第一要务是为组织设定大胆的愿景，并做出战略性决策，还要确保整个组织朝着同一个方向使劲。推动组织接受变革是实现愿景的必要条件。没有落实的决策是失败中最可悲、最令人愤慨的原因之一，这个世界总是不乏从未实现的伟大想法（不要像“蜥蜴先生”一样落入同样的陷阱）。不仅要改变人们的态度，还要改变组织使用的系统和工具。谋发展的变革经常囿于不合时宜的系统，人们还陷在旧的解决方案的迷思中不能解脱。

3. 组织文化的建构者

塑造组织运营模式以及人们的态度与行为是变革管理实施中特别困难的方面。作为领导者，你是组织文化的驱动力，你的行为对他人的态度与行为有着巨大的影响，因为员工在密切关注你的一言一行。要鼓励他人做出支持你勾画出的愿景的决策。奖励为实现这些目标做出最大贡献，并创造出可衡量价值的模范员工。剔除那些态度与行为和你为公司设定的组织文化不一致的员工。你若想成为优秀的领导者，必须遵从那些让组织强大的价值观，并对抛弃这些价值观的人毫不留情。

4. 决策基础结构的缔造者

请记住，在新常态下，“伟人总是孤独的”这一想法已经过时。你需要支持者，因为如果没有别人的帮助，你无法分析这加速度瓦解的新常态世界中流出的巨量信息。建立一个有冲劲、有能力的团队，团队成员要理解并支持你提倡的愿景和价值观。创造明智的决策程序，建立心理安全感，让众多同事参与讨论。信任你的下属，但对背叛这种信任的人要无情对待。建立你自己的执行委员会。

第八章

非情绪化决策

在第三章，我们了解到决策过程中 3 个非常不利于正确决策的因素：权威陷阱、沉没成本和遵奉主义。这 3 个因素都在利用我们的认知机制缺陷，促使我们做出看似理性但其实不然的决策。在真实或想象的压力下，我们经常不能做出最好的决策。可令人惊诧的是，只有等一切无可挽回时，我们才能认识到自己决策的愚蠢。

如果你认为这 3 个不利于正确决策的因素已经很有威胁性且很难避免，那么要对接下来的内容做好心理准备，因为它们还只是冰山一角。在这一章中，我们会谈到领导者和决策者最大的敌人。

像法国人多米尼克·斯特劳斯－卡恩（Dominique Strauss-Kahn）这样拥有辉煌职业生涯的人并不太多。他出生于一个富裕的家庭（父亲是一名成功的律师），接受过很好的教育，而且他毕业于法国排名第一的世界一流商学院——巴黎高等商业学校（HEC）。都说巴黎高等商业学校的毕业生必定能一飞冲天，卡恩确实如此。他后来继续在巴黎第十大学攻读博士学位。卡恩先在法国南锡大学任教，后来作为社会党的成员，被委派到国民议会财政委员会，担任委员会主席一职。虽然经历了宦海沉浮，但国民议会财政委员会主席一职确实是他职业生涯中的关键一站：1997 年，利昂内尔·若斯潘（Lionel Jospin）宣布组阁，卡恩得到最重要的职位之一——法国经济、财政和工业部长。卡恩为利昂内尔·若斯潘立下汗马功劳，大幅度减少政府预算赤字，并为法国加入欧元区做好准备。

卡恩携骄人战绩，成为社会党重要人物之一，因此也成为 2007 年法国总统大选的潜在候选人。当时，社会党的对手——右翼人民运动联盟（现改名为共和党）支持尼古拉·萨科齐（Nicolas Sarkozy）；社会党在普瓦图－夏朗德地区领导人塞格林·罗雅尔（Ségolène Royal）、前总理洛朗·法比尤斯（Laurent Fabius）和卡恩三人之间犹疑不定。最终，罗雅尔入选，卡恩只能屈居第二。

2007 年 5 月 6 日晚，局势开始明朗，人民运动联盟获得超过 53% 的选票，将赢得第 2 轮选举。此时，卡恩内心非常纠结，因为他认为自己击败尼古拉·萨科齐的概率要比塞格林·罗雅尔大得多，认为社会党领袖弗朗索瓦·奥朗德（François Hollande）提名失算。

不过，这次失败没有困扰他多长时间。仅仅几周后，他就成为世界经济中最重要、最有权力的职位之一——国际货币基金组织（IMF）总裁的头号候选人。世事难料，卡恩竞选国际货币基金组织总裁居然得到了过去的政敌尼古拉·萨科齐的鼎力支持。在波兰前总理马雷克·贝尔卡（Marek Belka）退出竞选之后，卡恩实际上已经胜券在握。事实也是如此，2007 年 9 月 28 日，在欧盟成员国、美国和中国的支持下，这位法国候选人正式担任国际货币基金组织总裁。众所周知，卡恩不会只满足于此，他意在 2012 年的法国总统大选。

此时，卡恩的人生算是到达了巅峰。他有着出色的职业生涯，前途不可限量，而且收入丰厚（在国际货币基金组织每年基本薪酬超过 50 万美元，免税），名下还有股票。最让人艳羡不已的是，他还有一个热爱他、支持他的妻子——记者安妮·辛克莱（Anne Sinclair），两人在 1991 年结婚。2008 年卡恩遇上了一点小麻烦，国际货币基金组织内部委员会决定对他与他的下属——匈牙利经济学家皮罗斯卡·纳吉（Piroska Nagy）之间的婚外情展开调查。国际货币基金组织董事会最终认定卡恩的行为“令人遗憾”，“犯下了一个严重的判断错误”，但没有发现任何性骚扰的证据，没有指控他滥用职权。最后，卡恩公开表达了他对此事的遗憾，而纳吉被迫辞职。

然而事实证明，2008 年的事件只是一个前奏、一个开场。真正的爆炸性事件发生在 3 年后的 5 月 14 日。

当天，媒体报道称国际货币基金组织的总裁于登上飞往巴黎的飞机的前几分钟，在肯尼迪机场被纽约警方逮捕。这一次他被捕的原因更让人震惊。原来，索菲特酒店的女服务员，来自几内亚的 32 岁的娜菲沙图·迪亚洛（Nafissatou Diallo）指控卡恩在前一天企图在这家酒店强奸她。

在接下来的几天，世界各地的媒体争相报道此事。面对公众的愤怒，卡恩被迫辞职。在纽约法庭的审判过程中，各种司法证据细节被披露出来。此案最终以庭外和解告终（双方都没有透露这名女服务员得到的赔偿金额），检察官决定撤诉。2011 年 8 月 23 日，法院裁定，经 DNA 检测证实，双方自愿发生性行为，卡恩被无罪释放。和 2008 年一样，这位政治家公开道歉，但没有官复原职，同时他的妻子也离开了他——事情发生后，安妮·辛克莱和他离婚了。

是什么原因让这样一个睥睨天下的男人做出如此不理智的举动，甘于拿自己的婚姻和事业冒险？如果时间倒转，让卡恩再回到过去，再次入住那家酒店，他还会做出同样的事情吗？他还会做出同样的决定吗？在这种情况下，他还有能力做出决定吗？

当然，这样的事既不是第一次，也不是最后一次。1996 年，在白宫也发生了同样的丑闻，所涉及的人物比卡恩更位高权重，那就是时任美国总统比尔·克林顿（Bill Clinton）。他差点因为和 22 岁的实习生莫尼卡·莱温斯基（Monica Lewinsky）的绯闻被弹劾。这样看来，面对性的诱惑，就算总统也无法抗拒。

也许传奇人物艾德瑞克·泰格·伍兹（Eldrick Tiger Woods）能够在这个问题上给我们一些启示，他在 2009 年与雷切尔·乌奇泰尔（Rachel Uchitel）的私情不仅终结了他与艾琳·诺德格林（Elin Nordegren）多年的婚姻，还让他丧失了多个商业合作（其中包括与AT&T、通用汽车、豪雅表和埃森哲咨询公司的赞助协议）。泰格·伍兹与雷切尔·乌奇泰尔发生性关系，是有意识的决策且在此之前进行了理性分析和风险评估吗？

2017年年底，类似的性不端行为如一场飓风，毁掉了著名好莱坞制片人哈维·韦恩斯坦的职业生涯。多年来，关于这位影业大亨的劣迹谣言在业内流传甚广［还记得塞思·麦克法兰（Seth MacFarlane）在2013年奥斯卡颁奖典礼上那个意图明显的笑话吗？］。但是，直到《纽约时报》和《纽约客》刊登了一系列披露文章后，这个潘多拉盒子才被打开。80多名女性指控韦恩斯坦性骚扰。韦恩斯坦试图为自己辩护，声称都是两相情愿的性行为，但于事无补。最后，美国电影艺术与科学学院将他除名，他被迫离开韦恩斯坦电影公司。群情激愤之下，人们在社交媒体上发起了“Me Too（我也是）”运动，反对性骚扰及对性骚扰事件的掩盖。

韦恩斯坦、卡恩、克林顿和泰格·伍兹（以及其他数百万因为大众媒体对他们的案例不感兴趣而侥幸逃脱谴责的人）的遭遇是一个历久弥新的现象。俗话说得好，大脑不是男人用来思考的唯一器官。然而，各种类似的俗语不足以解释这个问题，我们将目光投向一个更严肃的原因。已经有学者全面研究过性欲对决策的影响，其中包括杜克大学的行为经济学教授丹·艾瑞里（Dan Ariely）。艾瑞里问了自己3个简单的问题：处于性唤起状态的男人会做出与他没有性唤起时不同的决策吗？性欲如何影响我们的观点和偏好？我们的性冲动会在某种程度上压倒理性思维吗？

艾瑞里对加州大学伯克利分校的男生进行了一项实验（顺便提一下，这项实验引发了很多争议）。他告诉这些男生这项研究将分为两个阶段进行，他们需要回答一系列关于自己的偏好和性行为的问题。在这两个阶段中，他们都要独自在家回答问题。在开始第一轮提问之前，艾瑞里让这些学生在回答之前，想象他们正处于性兴奋状态。请注意，他们在尽可能想象真实的状态，而且只能是想象。

提交完答案后，择时进行第二阶段的研究。在第二阶段，学生回答与第一轮完全相同的一组问题，但这一次，在他们开始填写问卷之前，艾瑞里要求他们不要去想象任何性画面，而要真正处于性唤起状态。学生通过看色情杂志（我想知道艾瑞里是否动用研究基金购买了这些杂志，如果是，这可能是这所大学里最让人啼笑皆非的一笔支出了）让自己进入这种状态。

你可能已经猜到结果，这项研究证实了俗话所言不虚：学生们在两个阶段给出的答案有很大不同。受性欲的影响，绝大多数学生更愿意冒更大的风险（例如进行无保护措施的性行为）或从事不寻常的性行为。面对同样的问题，在两个不同的阶段给出肯定回答的学生的百分比差异非常明显，甚至达到数倍之多！

例如，在第一阶段（未受性刺激）中，当问到“你愿意和一个 50 岁的女人做爱吗？”，28% 的学生给出了肯定回答。在第二阶段（受性刺激）中，表示愿意的学生人数增加了 1 倍（55%）。更让人侧目的是，把这个问题改动一下，女人的年龄增加到 60 岁。虽然有点让人扫兴，但还是有 7% 的学生说他们愿意这样做。而在学生自慰时，这个数字上升到了 23%，增加了 229%。在第二阶段中，也有更多的学生同意和另一个男人一起玩 3P（问题是：“如果一个有魅力的女人向你提议和另一个男人一起玩 3P，你会同意吗？”这在两个阶段分别得到 19% 和 34% 的肯定回答），在被问到“肛交会让你勃起吗？”时，情形也差不多（两个阶段分别得到 46% 和 77% 的肯定回答）。艾瑞里观察到，在要求学生回答的几十个问题中，每一个问题都有相似的差异。

当分析另一组关于约会中假设行为的问题时，情况开始变得更加诡异。艾瑞里想测试，当处于性唤醒状态时，学生愿意参与不道德甚至非法行为的比例是否会增加。实验证明，表示愿意参与这些行为的学生人数也大幅上升。

例如，在第一阶段中，对于“如果告诉一个女人你爱她，会增加你和她上床的机会，你会这样做吗？”这个问题，只有 30% 的学生给出肯定的回答。但在性唤起状态下，超过 50% 的学生给出肯定回答。从下面的问题得出的结论更令人不快——“在一个女人说‘不’之后，你还要试图和她性交吗？”在第一阶段，20% 的学生回答“是”，而在第二阶段，这一比例上升到了 45%。

然而，接下来这个问题的回答更令人不安：“如果麻醉一个女人会增加你和她上床的机会，你会给她注射麻醉剂吗？”在第一阶段中，只有 5% 的学生会考虑这样做。学生通过手淫激起他们的性冲动时，这个数字上升到了 26%。

最让人不堪的是，在我们做出决定的那一刻，我们确信做出了正确的选择，做了正确的事情。顺便说一句，这就是“道德宿醉”背后的机制，不过“道德宿醉”是从第二阶段回到第一阶段，重新审视我们所做或者说所执行的决策的结果。

性冲动是影响决策的可怕因素。然而不幸的是，性冲动难以抑制，因为它存在于我们大脑最原始的深处，负责刺激我们繁殖并确保物种的生存。在过去的几十年里，科学家已经成功使用核磁共振扫描仪获得功能性磁共振成像（FMRI），这种令人着迷的工具能让我们更好地理解人类大脑是如何工作的。人类大脑近 3 磅（约 1.36 千克）重，不到成人总体重的 2%，但它是我们最重要的器官之一，是文明、社会和技术进步的基础和推动力。尽管如此，我们对它的工作机制依然知之甚少，这主要是因为它是我们目前为止在整个宇宙中遇到的最复杂的物体。普通人的大脑由几千亿个神经胶质细胞组成，更重要的是，它有大约 1000 亿个神经元，每一个神经元都创造约 1 万个突触连接，为电脉冲的传递建立了复杂得难以想象的神经通路。借助核磁共振扫描技术，我们能够捕捉到在感官接收到特定刺激的影响下大脑特定区域的活动。因此，近年来在许多研究中，科学家使用核磁共振成像扫描仪对人类大脑进行扫描，执行各种任务。通过这类研究，科学家可以识别负责处理特定刺激的大脑区域，从而加深对大脑的理解，比如更好地理解特定情绪的触发机制。

所以，以这种方式测试性驱动，也就是顺理成章的事了。法国健康和医学研究所的谢尔盖·斯托雷茹（Serge Stoléru）和欧洲医学科学院的杰罗姆·雷杜特（Jérome Redouté）做了一项研究，利用核磁共振扫描仪监测观看3段6分钟长的影片时年轻人的大脑活动。第一段内容基本上是中性的；第二段是喜剧，旨在唤起被试者积极的情感；第三段包括大量色情内容。这项研究能够识别大脑中为响应性冲动而“点亮”的5个区域：颞下回（处理视觉刺激）、眶额皮层右侧（处理情绪和动机）、扣带回皮质（负责基本生理反应的异生皮层）、右侧脑岛（启动特定反应，如增加心率或刺激勃起）和右侧尾状核（影响情绪，可能还影响性唤起后的性活动）。在第三段影片图像的影响下，每个区域的活动都增加了，当然，被试者无法控制这些活动。性冲动由我们大脑中最古老的区域控制，所以，也就难怪我们无法在决策过程中排除它的影响。我不知道这对韦恩斯坦、卡恩、克林顿和泰格·伍兹来说是否是一种安慰（对他们的妻子来说，肯定没有什么区别），但这种力量能够摧毁我们理性思考和评估形势的能力。

另一个简单的实验可以证明我们的行为受这些区域活动的支配程度：向一组男性被试者展示一系列模特照片，并要求他们选出最有吸引力的照片。

这个实验的诀窍在于，其中有些照片已经经过图像处理软件处理，稍微扩大了模特的瞳孔。被试者都认为这些照片最吸引人，尽管他们不知道具体原因，也没有人意识到这些照片上模特的瞳孔更大。然而，他们大脑中最原始的部分会立即做出反应，人类进化过程中已经在那里对瞳孔放大意味着女性性唤起的信息进行了编码，并立即提示被试者应做出何种决定。

关于性欲对行为和决策的负面影响，我们有必要再探讨一个问题：为什么我只谈论男人？答案很简单：它对男性的影响比对女性的影响要大得多。例如，亚特兰大埃默里大学的斯蒂芬·哈曼（Stephan Hamann）博士就从科学上证明了这一点。和早期的实验一样，哈曼也使用了核磁共振技术。28 名年轻男女观看两种类型的照片。第一组照片是经过挑选的完全不含色情元素的异性照片，这些是科学家能找到的最中性的照片。第二组照片含有明确的色情内容，都是单身男人、单身女人和异性恋情侣。研究人员要求被试者评估他们的性唤起水平，同时观察他们大脑关键区域的活动状态。你可以想象到，男人的神经反应远比女人强烈。有趣的是，甚至在女性对自己性唤起水平的自我评估超过男性的时候，也是如此。换句话说，即使女性认为她们受性欲的影响比男性更大，但就观察到的大脑活动水平而言，男性受到的影响更大。实验室条件下的这些测试结果与警方实际观察到的结果惊人地相似：男性实施性侵犯的概率是女性的 50 倍。

不过，这还不是全部。就像性欲一样，大脑中产生的积极情绪和消极情绪都会影响我们理性评估形势和做出正确选择的能力。

在这本书中，我用这么大的篇幅讲这种事，只是想明明白白地告诉你们：你们无知无识，对如何决策一窍不通。

朋友，我希望你此时的情绪不会瞬间爆发，一怒之下把这本书扔到墙上。请静心屏气，当你读到这里，请审视你现在的情绪状态，你有什么感受？怀疑、惊讶、生气、愤怒？如果我激怒了你，在那一瞬间你想做什么？烧掉这本书？想退货，把钱拿回来？找到作者，然后掐死他？

如果上述任何一种情绪出现，就意味着你的杏仁核开始活动，你受到了丹尼尔·戈尔曼（Daniel Goleman，他有普及情绪智商之功）所说的“杏仁核劫持”的影响。当事后评价自己某一行为反应过度时，我们就可以说，当时我的大脑发生了杏仁核劫持。美国科学家约瑟夫·勒杜（Joseph LeDoux）用纯粹的神经学术语描述了这一现象。他证明在某些情况下，大脑信号直接从丘脑传递到杏仁核，绕过负责理性思考的大脑部分。杏仁核随后激活被称为 HPA 轴（下丘脑－垂体－肾上腺轴）的东西，后者与交感神经系统共同作用，将我们带入战斗模式或逃跑模式。所以，如果脉冲从丘脑到达杏仁核的速度比到达新皮层的速度快，我们就会做出原始的本能反应，不能对问题进行分析或理性思考。如果只有新皮层被激活，我们会又一次陷入“道德宿醉”，以及被情绪冲昏头脑的尴尬。

想想在路上开车，有人挑衅、激怒你，有时你会想杀了他们，对吧？或者至少走下车，用拳头教会他们交通规则。但几个小时后，这件事就看起来有点微不足道，然后你也释怀了，甚至经常惊讶这样一件琐事怎么会让你如此愤怒。随着时间的推移，各种冲突、争论和误解似乎都变得无足轻重，但在当时，我们却准备为它争个你死我活。这和丹·艾瑞里在实验中揭示的机制一样：不受控制的愤怒就像第二阶段（性唤起阶段），只有当我们停止手淫或者愤怒消退时，才会有理性的反思。

2014 年 4 月，一个激怒所有美国人的事件完美地说明了愤怒在错误的时间和错误的地点发生会多么危险。美国房地产巨头、洛杉矶快船队多年的老板唐纳德·斯特林（Donald Sterling）的一段录音被人发布在 TMZ 网站上，顿时举国震惊。几个月前，也就是 2013 年的秋天，这位恼怒的百万富翁在与比他小 51 岁的朋友 V. 斯蒂维亚诺（V. Stiviano）交谈时，就非裔美国人的问题发表了一些不当言论。斯蒂维亚诺录下了这段对话，并在 2014 年 4 月底，差不多是在斯特林 80 岁生日那天，把它交给了媒体。在长达几分钟的聊天中，你会听到这位快船队老板显然被斯蒂维亚诺和 NBA 传奇球星“魔术师”约翰逊的合影弄得心烦意乱，她还把这张照片发布在 Instagram 上。斯特林在录音里说了很多，其中有几句话：

“你把你和黑人交往的事广而告之，这让我很困扰。你非得这样吗？……”

“你可以和黑人睡觉，你可以带他们回家，想做什么都可以。

我只要求你别到处宣传……别带他们来我操持的局……”

“我是说，你别把你和黑人的合影放在 Instagram 上（其中还说了一些咒骂的话），我挺腻味这个。”

我听过整段录音，老实说，我觉得这听起来不像是真正的仇恨言论，所以我不知道斯特林是不是种族主义者，或者他只是心怀妒忌，怒火中烧而口不择言。现在的问题是，他的情绪在多大程度上影响到了他评估自己言辞后果的能力？他有没有想过，作为一个富甲一方的公众人物，他的话可能会被录音？他是否意识到，可能会有人把他的话披露给美国公众？对公众来说，种族主义是一个特别具有煽动性的话题。他有没有考虑过 NBA 会如何反应，难道他不知道 NBA 是黑人球员的天下吗？换句话说，斯特林在决定以这种态度与斯蒂维亚诺谈论这些照片时，能做出有意识的、理性的决策吗？

发生在南非运动员奥斯卡·皮斯托利斯（Oscar Pistorius）家中的那一幕同样让人费解，当时皮斯托利斯也无法控制自己的情绪冲动，最终酿成悲剧。要知道，长期以来他一直是媒体和公众舆论的宠儿。皮斯托利斯，也就是众所周知的银翼杀手，在 1 岁前因为一场重病失去了双腿，此后他一直使用假肢。然而，他并不认为这是他从事运动事业的障碍，除了田径运动，他还接触网球、拳击等运动项目。最后，他选择了 400 米短跑，并在这个项目上屡创佳绩。这不仅要归功于他的天赋和努力，也要归功于他不断改进的假肢。2007 年，皮斯托利斯完成了一件以前被认为是不可能的事情：他参加了国际田联的一场正式比赛，与四肢健全的运动员同场竞技。在接下来的几年里，皮斯托利斯为自己定下的目标越来越高，尽管他没能参加 2008 年北京夏季奥运会，但 4 年后，他再次在田径史上留下了自己的印记，成为第一位参加奥运会的残疾运动员，当年的奥运会在伦敦举行。

与此同时，皮斯托利斯的名气更是如日中天。他的生活和运动事业引起各大电视台及各种杂志的争相报道，他成了众人瞩目的体育名人。绝大多数人都对他赞叹不已，钦佩他实现梦想的坚定毅力，认为他是战胜个人身体缺陷的典范。当然，也有一些人批评皮斯托利斯被允许参加国际田联的比赛，认为这种高科技碳纤维假肢使得皮斯托利斯在身体健全的对手面前，具有更大的优势。

2013 年 2 月 14 日，发生在皮斯托利斯比勒陀利亚家中的悲剧，让这个梦幻般的童话故事破灭了。那天清晨，皮斯托利斯在浴室门后面射杀了女友，模特里瓦·斯汀坎普（Reeva Steenkamp）。他后来声称，他以为斯汀坎普是入室行窃的窃贼。在审讯过程中，警察发现他对事件的描述中有几个异常之处：皮斯托利斯开了两枪，但有消息来源称，在斯汀坎普死前，她也曾被一只板球拍击中。邻居也做证说，之前在这名运动员家中发生过争吵。皮斯托利斯的朋友也承认，他非常易怒，以前也曾多次向空中开枪。

不管事情真相如何，不管皮斯托利斯是否真的谋杀了女友，或者整个悲伤的故事是否真的是一场悲剧，这里都存在着一个同样的问题：不管真实情况是哪一种，皮斯托利斯是在有意识的状态下做出这种决策的吗？还是说受情绪左右，无法正确评估当时的形势和可能的后果？

在情绪爆发或外来刺激的影响下，以及在对化学刺激的反应中，大脑都会发生绕过负责理性思考的新大脑皮层的现象。例如，酒精对决策的影响在每个周末都可以看到——只要在晚上经过俱乐部或酒吧，观察那儿的男男女女就能得到答案。

就像不忠的丈夫一样，俱乐部里酒意微醺的会员大多运气很好，他们的不良行为只会留在对方的记忆中，也可能只会带来第二天的宿醉（身体上的或道德上的）。演员梅尔·吉布森（Mel Gibson）就没那么幸运了。他醉酒后的荒唐举动激起了媒体的愤怒，后来美国神经学家大卫·伊格尔曼（David Eagleman）在他的杰作《隐姓埋名：大脑的秘密生活》（*Incognito:The Secret Lives of the Brain*）中对此做出了深入分析（当然，梅尔·吉布森本人可能不认可我对这本书的评价）。2006 年 7 月 28 日晚，这位演员在太平洋海岸高速公路上因超速被加州警方拦下，并要求他进行呼气测试。这要求很合理，因为车上有乘客手里还拿着半瓶龙舌兰酒。所有调查结果对梅尔·吉布森都不利，因为呼气测试显示他呼气时酒精浓度（BrAC）为 0.12%，而且他还大发雷霆，其中一些辱骂性言论都被詹姆斯·梅（James Mee）记录在案，后者是当晚拦住梅尔·吉布森的警察。几天后，这份报告被泄露给媒体，并发布在 TMZ 网站上。全球的网民都知道了醉酒后的梅尔·吉布森对警官说的那番话：“犹太人真混蛋……犹太人要对全世界所有的战争负责。”并继续问詹姆斯·梅，“你是犹太人吗？”

当梅尔·吉布森酒醒过来，意识到问题的严重性时，立即做出了反应。第二天，他宣读了一份声明，为此事道歉，解释这都是他酗酒习惯所致，并宣布他将继续与酗酒行为做斗争。梅尔·吉布森又发表一份关于犹太社区的补充声明，毕竟他的言论主要冒犯了犹太人：

“对于任何发表反犹太言论的人，都没有任何借口，也不应该给予他任何宽容。我在这里要特别向犹太社区的每个人道歉，我在因酒后驾车被逮捕的那晚，对执法人员说了一些刻薄且伤害他人的话。……我所信仰的教义要求我以慈善和宽容之心对待生活。……请确信，在我内心深处，我不是一个反犹主义者。我也不是一个偏执的种族主义者，任何形式的仇恨都会违背我的信仰。”

这些话引起了激烈的社会讨论。有些人站在梅尔·吉布森一边，认为他只是在酒精（或其他物质）的影响下，说出了一些不能反映他真实信念的言论。值得注意的是，电影制片人迪安·德夫林（Dean Devlin）非常赞同这种看法，他是犹太人，也是梅尔·吉布森密友，他强调了吉布森对家庭的忠诚和热爱。但反对方提出了同样有力的论点，认为酒精不应成为错误的挡箭牌：电视主持人迈克·雅威茨（Mike Yarvitz）直播喝醉酒，程度和梅尔·吉布森差不多。然后他不无讽刺地向观众保证，尽管现在头昏脑涨，但他并没有要侮辱犹太人的冲动。

在此，大卫·伊格尔曼提出了一个非常有意思的问题：哪个是真实的梅尔·吉布森？他面对媒体的冷静声明反映了他的真实信念和态度，还是酒精影响之下的那副面孔反映了他的真实信念和态度？真相是什么？还是说，事实上有两个梅尔·吉布森，并且这两个都是真实的？

在梅尔·吉布森的案例中，似乎发生了类似于杏仁核劫持的机制。某些大脑回路似乎已经被激活，并且在一段时间内阻塞了大脑的理性思考能力，关闭了大脑对形势进行有意识分析和得出结论的过程。

在我们每个人身上，似乎都有一场逻辑和情感、意识和无意识之间旷日持久的斗争。两种机制相互冲突，一种试图基于冷静的事实分析并做出选择（即使它也会受困于认知机制的缺陷），另一种能够释放潜伏在我们体内的强大力量，如性冲动或愤怒。性欲、强烈的情绪和酒精只是我们所谓“敌人”的几个例子，大脑中还有很多这样的敌人。我们不可抑制的情感始终在与人们对理性的、深思熟虑的决策的渴求明争暗斗。我们每个人都在人生的某个时刻说过一些让自己后悔不迭的话，之所以没造成灾难，只是因为我们不像上述那些名人那么有名。因为我们籍籍无名，所以大众媒体对我们的愚蠢言论兴趣寡然。

著名心理学家、经济学家及诺贝尔奖获得者丹尼尔·卡内曼（Daniel Kahneman）将这两种相互冲突的力量命名为系统1（情感的、自动的）和系统2（理性的、逻辑的）。系统1司职快速思考，系统2司职慢速思考。系统1负责创建自动决策模式，加快决策行为。系统 2 类似监督委员会，确保我们不以常规方式处理重要事项（就像第四章中描述的常规决策模式与辩护模式、质询模式之间的区别）。问题是，系统 2 并不能总是引起人们的警觉，正如本章案例中的主角，当他们的理性思维被刺激或被性欲的力量击溃时，他们已经付出了代价。更糟糕的是，当“监督委员会”失去对决策过程的控制时，我们还继续认为万事大吉，以为自己仍然在做理性的、深思熟虑的决策。

经典的棒球棒和棒球测试题实验可以说明大脑自动快速思考系统为我们设置的这种陷阱。这个实验是这样的：

一个棒球棒和一个棒球，一共 1 美元 10 美分，球棒比球贵 1 美元。

那么这个球多少钱?

这个测试题看起来非常简单，大多数参加测试的学生会不假思索地马上回答，球要 10 美分。承认吧，刚开始你也是这么想的。如果真这样，你就犯了和那些参加测试的学生完全一样的错误，因为系统 1 给出了自动、快速的响应。然而如果我们启动系统 2，再仔细研究这个问题，我们会发现球的价格是 5 美分，球棒的价格是 1.05 美元。因为如果球的价格是 10 美分，那么我们必须为球棒支付 1.1 美元，一共就是 1.2 美元，所以多了 10 美分。如果你错了，不要难过，还有很多人陪着你呢。研究人员测试的哈佛大学、普林斯顿大学和麻省理工学院的学生中，超过一半的受试者犯了同样的错误。甚至在一些学校，回答错误的比例高达 80%。我们大脑越不专注，系统 2 就越有可能忽略系统 1 为我们设下的陷阱。另一方面，如果问题的形式要求我们集中注意力，大脑就会更多地使用分析性思维。如果问题以难以阅读的字体呈现出来，正确答案的数量就会显著增加。

在卡内曼另一个简单的实验中，他证明只要简单地对一个问题换个说法，就能得到完全不同的答案。1982 年，在一次国际会议上，他将与会者分成两组，要求他们评估对 1983 年石油消费的预测。第一组得到一个用最简单的方式表述的陈述：1983 年对石油的需求将下降 30%。给另一组的信息略有不同：由于原油价格上涨，1983 年对石油的需求将下降 30%。

正如你所想象的那样，与第一组相比，第二组认为这个预测更可信、更有可能发生，这样，他们便一头扎进了叙述悖论的陷阱。当我们看到一个信息伴随着证明所说内容的表述时，我们会认为这个信息更有价值，而不用费心去检验内容的因果关系。

在社会心理学中，这种现象被称为启动效应，它触发被试者的无意识联想，从而影响他们的决策。这种效应是通过在被试者没有注意到的情况下提出巧妙的暗示来实现的。

心理学家约翰·巴格（John Bargh）的著名实验就是证明启动效应强大影响的一个案例，纽约大学的很多学生参与了这项实验。他把这些学生分成两组，任务很简单，以 5 个单词为一组，让学生从 5 个单词中选出 4 个单词组成句子。分配给每组学生的单词都不一样：第一组学生面对的单词经过精心选择，都有暗示疲劳和年老的意思，第二组学生面对的单词没有任何情感暗示。巴格和他的同事观察学生完成实验时的行为，并测量他们沿着通道走到出口所花的时间。实验结果证明第一组学生行走速度明显比第二组学生要慢。还有一些实验，也证明了启动效应的存在。例如，用不同的图像和单词去启动两组说英语的被试者。第一组被试者面对的单词都是与食物有关的事物（意大利面、餐馆、餐具等），第二组被试者面对的单词都是与浴室相关的事物（洗发水、淋浴器、毛巾等）。然后，要求这两组被试者完成一项非常简单的任务，即补全单词“SO_P”中缺少的字母。第一组中绝大多数被试者选择“SOUP”（汤）这个单词，而第二组中几乎所有被试者都选择“SOAP”（肥皂）这个单词。

约翰·巴格还做了另一项实验，实验结果对我们的日常生活有着更严肃的影响。和上面的测试一样，他将学生分成两组，然后使用不同类型的单词启动。第一组用诸如“侵犯”“力量”“流氓”“攻击”之类的单词解决任务；第二组单词意义较温和，例如“妥协”“尊重”“和谐”等。完成实验后，巴格让学生一个接一个地去他一个同事的办公室接收进一步指示。当学生们到达时，他们去见的这个同事正忙于和办公室中的另一个人交谈。两人继续交谈 10 分钟，装作没有注意到正在等待的学生。巴格意在测量等待的学生决定打断谈话所花的时间。结果显示，启动条件不同的两组学生之间的差异巨大。有攻击性意义的单词启动下的学生在大约 5 分钟后打断了两位老师的谈话；意义温和的单词启动下的学生，就在旁边静候着，一直没有打断他们的谈话！我想知道，如果没有将谈话时间限制在 10 分钟以内，会发生什么情况。

虽然此类测试对我们的决策方式没有影响，但它们揭示了我们大脑的潜在决策机制。你想想，你最近有没有一整天没来由地觉得总是有人给你使坏，自己则一直处于激怒的情绪状态。或者反过来，你起床后，一整天心情愉悦。仔细深究，要么是因为你想起早上某一具体事件而触发了这样的情绪，要么就是你很有可能无意识地陷入了启动效应陷阱。商家在他们的客户身上越来越频繁地使用这一伎俩。你有过这样的经验吗？比如走进一家高档有机食品店，却不期然在门口看到一盆鲜花；看见农产品陈列在一盘冰块上；观察到价格是用粉笔写在黑板上的，仿佛价格每天都在变化……你不要被糊弄了，所有这些小花招都是商家的刻意设计，他们想在你的脑海中唤起与新奇和新鲜有关的联想。

商业活动中经常遇到的另一个有趣现象是锚定陷阱，这是启动陷阱的一种衍生形式。我曾有幸负责一个决策研讨会，与会者都来自各大公司的管理层，我邀请他们尝试一个简单的实验。每个人得到一张小纸条，上面写着两个问题，然后我要求每个人尽快回答。参与者需要独立完成问题，不允许使用互联网。如果他们不知道答案，就必须靠猜，根据自己的直觉回答。大约 1 分钟后，我要求每个人轮流大声读出第二个问题“缅甸有多少人口？”的答案。我把他们的答案写在挂图上。我从房间的一边开始走动，起初情况很正常，大家给出的值相对接近，在几百万到 1200 万左右。当我走到房间另一边，到达另一半参与者身边时，奇怪的事情发生了。他们给出的数字更加大胆，声称缅甸有几千万甚至上亿人口。实验结果令人吃惊，差别显而易见。在过去的几年里，我已经做过几百次这样的实验，结果总是一样的：两组被试者的答案总是有很大的不同。这个实验的技巧令人惊叹，但其实非常简单：每组的第二个问题相同，但第一个问题略有不同。一半参与者得到的卡片上的第一个问题是“缅甸人口有没有超过600万”，他们可以选择回答“是”或“否”，然后再回答一个询问具体数字的问题。另一半参与者得到的卡片上的第一个问题是“缅甸人口有没有超过5000万”。第一个问题中的数字构成这个小实验的锚定，参与者的思考围绕着它上下波动。

锚定现象是谈判人员常用的工具。例如，如果他们必须购买某种产品或服务，他们会立即提出一个极低的数字。他们自己也很清楚这个数字不现实，但作为初始值，它会成为进一步谈判的锚定。在销售领域下，这种技术反过来用就是先夸大第一个数字。

更糟糕的是，有时我们的感官感知并传递给大脑的理性思考部分（卡内曼所说的系统2）的信息甚至也可能是一种错觉，从而导致错误的决策。一个简单的实验，要求被试者打开光信号，研究者会让光信号延迟几毫秒（我们的感官无法感知这么短的延迟）出现，重复几次之后去掉时间延迟，结果让被试者非常惊讶，因为对他们来说，光信号在他们按下开关之前就出现了。这还是小问题，但是当这种类型的错觉影响到葡萄酒这样的重要话题时，情况就更糟了。

1976 年 5 月 24 日，巴黎发生了葡萄酒学界最大的丑闻之一。在这个时代，法国葡萄酒毫无疑问一统天下，这是法国葡萄酒最好的时代。然而，一个叫史蒂文・斯珀里尔（Steven Spurrier）的英国人表示不服。斯珀里尔一生致力于葡萄酒研究，是一名顶级的葡萄酒鉴赏家。1970 年，他开始在伦敦一家颇有盛名的酒吧工作，后来移居巴黎，在那里开了一家葡萄酒酒行，然后成立葡萄酒学院，这是第一所正规侍酒师培训学校。当时，新世界葡萄酒正来势汹汹，斯珀里尔决定测一测新世界葡萄酒的品质，所以邀请了多名法国一流品酒师进行盲品。评判活动在巴黎举行，评审团由 9 名法国顶级餐厅的老板和侍酒师组成。

斯珀里尔告诉这些专家，他们将品尝 10 种著名的红葡萄酒和白葡萄酒，但酒瓶被遮住，以免专家一眼就看出杯中葡萄酒的品牌。这是为了让他们能够专注于葡萄酒本身，排除因对特定生产商的好恶而产生的干扰。在两次品鉴中，有 4 瓶是法国葡萄酒，其余 6 瓶是加州葡萄酒。在参加评判的红酒生产商中，有来自勃艮第和波尔多的法国著名品牌：木桐 - 罗斯柴尔德酒庄（Château Mouton-Rothschild）、玫瑰酒庄（Château Montrose）、侯伯王酒庄（Château Haut-Brion）和雄狮堡（Château Leoville Las Cases）。来自加州的代表是鹿跃酒庄（Stag's Leap Wine Cellars）、山脊酒庄蒙特贝罗园（Ridge Vineyards Monte Bello）、赫兹酒庄玛莎园（Heitz Wine Cellars Martha's Vineyard）、克罗杜维尔酒庄（Clos Du Val Winery）、梅亚卡玛斯庄园（Mayacamas Vineyards）和菲玛修道院酒庄(Freemark Abbey Winery)。

评判结果令人大跌眼镜（尤其是对法国人而言），专家的排名如下：

1. 鹿跃酒庄（美国加州）
2. 木桐－罗斯柴尔德酒庄（法国）
3. 玫瑰酒庄（法国）
4. 侯伯王酒庄（法国）
5. 山脊酒庄蒙特贝罗园（美国加州）
6. 雄狮堡（法国）
7. 赫兹酒庄玛莎园（美国加州）
8. 克罗杜维尔酒庄（美国加州）
9. 梅亚卡玛斯庄园（美国加州）
10. 菲玛修道院酒庄（美国加州）

参加白葡萄酒评判的各方中,代表法国的酒庄有:默尔索芙萝酒庄香牡(Roulot Charmes, Meursault)、约瑟夫·杜鲁安公司慕丝谷酒庄(Beaune Clos des Mouches)、巴塔－蒙哈榭特级园拉莫内－普鲁东酒庄(Batard-Montrachet Ramonet-Prudhon)和普里尼－蒙哈榭一级园勒弗莱酒庄普榭乐(Puligny-Montrachet Les Pucelles Domaine Leflaive);而蒙特莱那酒庄(Chateau Montelena)、查龙酒庄(Chalone Vineyard)、春山酒庄(Spring Mountain Vineyard)、菲玛修道院酒庄、维德克莱斯特庄园(Veedercrest Vineyards)和戴维

布鲁斯酒庄(David Bruce Winery)则代表美国加州参赛。当白葡萄酒评判得到如下结果时,这些品酒师和评酒家更加惶惑了:

1. 蒙特莱那酒庄（美国加州）
2. 默尔索芙萝酒庄香牡（法国）
3. 查龙酒庄（美国加州）
4. 春山酒庄（美国加州）
5. 约瑟夫・杜鲁安公司慕丝谷酒庄（法国）
6. 菲玛修道院酒庄（美国加州）
7. 巴塔－蒙哈榭特级园拉莫内－普鲁东酒庄（法国）
8. 普里尼－蒙哈榭一级园勒弗莱酒庄普榭乐（法国）
9. 维德克莱斯特庄园（美国加州）
10. 戴维布鲁斯酒庄（美国加州）

震动世界的巴黎评判对参与的品酒师和斯珀里尔都带来了比较负面的影响。全法国的葡萄酒爱好者都对美国葡萄酒之类的新世界葡萄酒持不屑态度，所以只有《时代》杂志的一名记者出席了品鉴会。不料，他发表的文章却掀起轩然大波。法国人完全无法接受这样的失败（就算竞争对手来自意大利托斯卡纳或西班牙杜埃罗河岸都已经无法忍受，更何况来自美国），他们认为整个事件是一场阴谋，斯珀里尔被宣布为不受法国欢迎的人。法国人质疑与这次评判有关的所有人与事，品酒师受到炮火般的批评。例如，一位餐厅老板发现一些老顾客开始抵制他的餐厅。顺便说一句，从那以后，类似的评判重复了很多次。2006 年，在巴黎评判 30 周年之际，斯珀里尔本人与葡萄酒专业杂志《醒酒器》合作，又进行了一次相同的评判。

葡萄酒的高下是一个口味问题，这点应该没有争议，但是从决策的角度来看，这次评判能说明一个非常有趣的现象。我们的大脑创造了一种代表性捷思法，即通过暗示“法国葡萄酒 = 上等葡萄酒”之类的手段让复杂的世界稍微简单化，以便让我们在这样的世界更好地生存。

这种简化经常会将我们引入歧途，当我们试图绕过启发式步骤（通过遮住酒瓶），产生的效果可能会更令人惊讶。

另一个经典的启发法不仅影响到葡萄酒，它还是一种无意识的假定，认为更贵的产品就是更好的。这一点已经被反复测试过，每次结果都一样。其中一个测试主题是葡萄酒：在一个经典实验中，被试者被告知要品尝两种葡萄酒，一种大约价值 12 美元，另一种是这个价格的数倍。当然，大多数人宣称第二种口感更好，尽管它和第一种其实完全一样。然而，将被试者置于核磁共振扫描仪中，并在品尝葡萄酒时测量他们的大脑活动，所得到的实验结果更是令人震惊。实验证明，当他们品尝据称更贵的酒时，其眶额皮层区的活动更加活跃。这个区域有多种功能，其中一个就是负责体验快乐。这意味着什么？这说明被试者是诚实的。他们并没有因为对葡萄酒价格的势利而去赞美更贵的葡萄酒。他们确实认为那种葡萄酒口感更好，因为他们的大脑对“更贵”的葡萄酒的味道反应更积极。

以上各种因素的存在，意味着当我们试图做出决策时，即使我们认为自己的行为是理性的、合乎逻辑的，并全面分析过利弊，但在通常情况下，我们还是会受到一些事情的影响，不能做出最优的决策。我们周遭的世界在某种程度上是一种幻觉，可是在做出决策后，我们才痛彻心扉地意识这一点。

即使我们完全在理性意识下行事，完全不受那些错觉的影响，另一种强大的力量——社会动机——仍然在影响着我们。当然，这不是一个新课题，而且已经有人彻底研究过，但是它很少被放在决策的背景下考虑，这倒是令人奇怪。毕竟，动机对我们的决策有着巨大的影响。20 世纪下半叶，哈佛大学及波士顿大学教授、美国心理学家戴维·麦克利兰（David McClelland）在社会动机研究方面颇有建树。麦克利兰对个性和行为能力以及它们在商业中的应用展开了一系列研究，但他的主要成就是《人类动机》（*Numan Motivation*）一书。社会动机研究可以追溯到亨利·默里（Henry Murray），他的成就很多，其中一项就是提出了主题统觉测验（TAT），该测验旨在测试人们的投射动机，但麦克利兰是第一个进一步将这些研究结果应用于领导力和决策领域的人。

有 3 种社会动机。第一种被称为成就需要，一般又称为成就动机，它体现在个人无意识地寻找挑战的过程中。当个人面临的任务存在一定的困难，并成功克服困难时，会给他一种强烈的内在力量和满足感。

因此，高成就动机的人喜欢尝试新的活动，力争打破前人的纪录，与那些被认为是最优秀的人才竞争。麦克利兰的研究表明，成就动机与成功相关，对行业专家来说更是如此（比如，我想成为某一领域的佼佼者，我要克服障碍，不断提高自己）。这种投射也证明了成就动机在某一社会的接受程度和社会总体财富水平之间的相关性。

第二种是亲和需要或亲和动机，体现在人们对参加具有和谐和良好人际关系特征的社会活动或群体的需要上。亲和需要是高度移情的，人们会无意识地选择他们可能会被需要、被喜欢和被接受的场合和任务。一般来说，对亲和需要来说，商业世界不是一个非常友好的环境，在这里，亲和需要体现在负责与满足客户需求和满意度相关的职务中，或者商业伙伴试图改善与外部公司的合作关系的情况中。

第三种是权力需要或权力动机，是个人影响和控制周遭世界的强烈需要。有强烈权力动机的人总想主导大局，试图把自己塑造成一个位高权重的重要人物。许多人可能会认为权力动机有些攻击性，或者说不受欢迎，但在商业环境中，它有着重要的意义。有权力动机的人通常会体现出优秀的管理技能，在需要变革的逆境中更是如此。麦克利兰在《哈佛商业评论》中发表的《权力是伟大的动力》（*Power is a Great Motivator*）一文中反复强调了权力动机的重要性。

每个心理健康的人都怀有这三种动机，但是我们受它们驱动的程度不同。对有些人来说，亲和动机是第一位的，权力动机次之，成就动机最后。而有些人可能把成就动机放在第一位，亲和动机放在第二位，权力动机放在第三位。还有些人可能怀有强烈的权力动机，同时夹杂着较低水平的成就动机和亲和动机。重要的是在我们性格中占主导地位的动机所产生的后果，主导动机强烈地制约我们的行为，在此类动机方面，能使我们的努力得到最大的收益。

主导社会动机不仅与我们在特定商业角色中的效率有关，还与我们决策时的态度有关。这三种动机对我们的决策来说，积极影响和消极影响兼而有之。

高成就动机的人会积极地看待困难的现实情况，并做出大胆的决策，给他们一个检验自己能力的机会。成就动机的负面影响是，它通常与高度的个人主义有关，因此高成就动机的人不太愿意让他人参与决策过程。在商业环境中，高成就动机的管理者不善于将责任委派给他人，也不太会授权他人做出决定，因为他们认为自己的决定更正确。

高亲和动机的人则面临着不同的问题：他们通常避免做出在他们看来会使他人不安或伤害他人的决定。在做出艰难且通常非常必要的决策时，比如解雇一名效率低下的员工，对一名高亲和动机的管理者来说简直是一场噩梦，他们会决定再给员工最后一次机会，这或多或少在有意识地避免这种噩梦的发生。另一方面，高亲和动机的管理者天然地支持质询决策法，他们通常会努力增进团队合作，总是尽力让其他人参与讨论，即使他们是无意识地这样做。与其说他们是为了提高形势分析的质量，不如说是为了通过征求别人的意见来取悦别人，但是不言而喻，这对决策过程会产生积极的影响。

反过来，在危急时刻或变革管理时期，需要做出艰难决定时，权力动机就有了用武之地。高权力动机的决策者将会（通常非常专制地）在他们的直接控制之下推行激进的解决方案。这里有两个很大的问题：第一，和那些有高成就动机的人一样，他们会不顾及别人的意见，这使得他们有时很难客观地看待问题；第二，他们通常利用自己的地位强行通过某些决策，即使这些决策并不是最佳选择。许多魅力型领导者都有很强的权力动机，这并不是偶然的。在第三章我们就讨论过这种情况的危险性。

我们面临的情况并不令人放心。在日常生活中，我们总认为我们做出错误决策的原因都出在别人身上。我们责怪别人向我们提供劣质的信息。当竞争对手推出的新产品大卖，而我们却不能时，我们就诅咒他们。我们还批评那些说服我们改变主意的人。可我们似乎忘记了一个事实：我们才是自己最大的敌人，更准确地说，我们的思考受制于大脑过滤之后变化无端的各种感官信息，而大脑是控制我们行为的奇妙而复杂的思维处理机器。

我们对自己大脑的工作机制、情绪的产生方式以及影响决策的方式了解得越来越深。我们意识到自己的不可靠性，试图创造各种系统和工具来消除认知错误，改进决策质量。现在有数百项测试正在使用核磁共振扫描仪寻找答案，但对某些决策而言，这些测试也无能为力。

也许在将来，我们会有办法解决这些谬误。

第九章

数据化决策

在黑天鹅事件频发的世界，危机四伏，我们稍有疏忽就有罹患火鸡综合征的风险，所以，任何企图预测事情发展走向的人，都应该怀着一颗谦逊的心。专业分析师的预测最后被证明错得离谱，这种事情已经屡见不鲜了。例如，兰德公司是一家致力于预测短期、中期和长期科技发展趋势的思想库，1964 年，它成立了一个由十几名来自不同领域的知名专家组成的小组，并要求这些专家预估某些技术何时可能出现，以及人类社会何时可能出现某些具体的突破性事件。这些专家对人类登陆月球的进展情况把握得很准确，正如肯尼迪总统所说，他们估计登月计划最迟将在 1970 年实现。

然而，他们也估计，5 年之后人类将会在月球上建立一个永久性基地，而且到 1975 年，天气预报会达到 100% 的准确度，最迟到 1985 年，人类将开始载人火星任务。到 1997 年，人类应该能抵御所有疾病。

事实是，新技术层出不穷，使得预测事物发展方向以及人们将如何利用这些技术变得困难重重。请记住，我们很容易低估或高估某个事件或趋势，所以我们不仅要关注对当前的决策方式有巨大影响的因素，而且也要关注未来对我们的决策影响越来越大的因素。

2004 年，当一名记者问波兰科幻小说作家史坦尼斯劳·莱姆（Stanislaw Lem）对世界未来的展望时，他以自己独特的风格回答道："一切都在变化，唯一不变的就是变。"在我看来，这句话概括了未来几年商业决策背后的主要驱动力。

虽然我们拥有大脑这个神奇的工具（尽管它也有弱点），但是，我们正处在一个呈指数级加速变化的世界。我们用于分析数据和应用全面质询决策法的时间越来越少，需要我们专注的决策数量却在不断增加。所幸的是，在这个疯狂的世界，我们有一个天然帮手，如果我们对它合理运用，可能会给我们提供非常宝贵的帮助。这个帮手就是，随着周遭世界的信息量急剧增加，我们分析这些数据的技术能力也在增强。

今天，我们几乎能够收集无限量的数据，这些数据为支持我们决策的商业情报和工具奠定了基础。这一成就要归功于技术革命，它大大降低了数字存储器的价格。1 千兆硬盘的成本同样呈指数级速度下降：1980 年，它的平均价格为 44 万美元，有些可能更贵，例如，苹果 5 兆硬盘的价格为 3500 美元，因此 1 千兆硬盘的价格达 70 万美元之多。

10 年后，1 千兆硬盘平均价格下降到了 1.1 万美元，到 1995 年，平均价格只有 10 年前的 10%。2000 年，1 千兆硬盘的价格为 11 美元多一点，2005 年降至 1 美元，而 5 年后就开始以美分计算了，平均 9 美分 1 千兆。其中一个例子是，2010 年 6 月，容量为 1.5 太的希捷酷鱼硬盘价格为 89 美元，每千兆不到 7 美分。

到 2017 年，同款硬盘最新版本的价格又跌了一半，但此时云计算和随之而来的云存储时代已经到来，硬盘真的不再那么重要了。存储几乎无限大的数据变得如此简单、无比便宜。

大数据的蓬勃发展就是建立在云计算、云存储技术及物理硬盘价格低廉的基础之上，大数据从根本上彻底改变了商情分析。找到一种合理利用所收集的大量数据的方法，对于一家公司来说，不仅在运营层面，而且在战略规划层面，无疑是获得了一件无价的辅助工具。当然，大数据对于支持运营决策制定来说也很重要，但是，如果只将它用于这个目的（当然，这是当前大数据的主要用途），那我们还未能充分发挥它在改进战略决策方面的潜力。马克·吐温有一句话用在这里恰如其分："大多数人利用统计数据就像醉汉对待路灯，更多的是用它支撑身体而不是为了照明，舍本求末。"充分利用大数据能够使我们发现新的市场趋势、新的消费者行为以及新产品或新服务和突破性发明的市场潜力。

大数据是质询决策法的绝佳帮手。现在借助大数据，我们可以获得非常详尽的信息，尽可能地从中找到困扰我们的问题的答案。

规则 13

不仅要利用数据支撑自己的决策，还要将数据的其他作用发挥到极致，如果数据分析得当，可以成为人们决策时很好的帮手。

无论在哪个行业，技术都是当今商业领域最热门的话题。IBM 公司每两年对各大公司总裁和首席执行官进行一次全球最高管理层调研，调研结果显示近年来呈现出一种明显的趋势。2004 年，受访者将“技术因素”列为影响公司未来的因素中的第 6 位，但到了 2012 年，此类因素已经雄居第 1 位，并一直保持至今。

技术不仅仅是数据处理。物联网也很重要，它使连接到互联网的设备能够相互实时通信，优化设备运行效率（换句话说，就是在没有人力参与的情况下，根据数据做出即时决策）。所有冠以“智能”之名的设备都会使用到某些物联网应用：从智能城市到智能电网，再到智能家庭。如今，物联网中运行的设备数量高达数百亿，而著名咨询公司麦肯锡估计，到 2025 年，物联网的潜在经济影响将达到 11.1 万亿美元。随着深度学习［这一概念在 1957 年由马文·明斯基（Marvin Minsky）提出］和深度神经网络的发展，创造出真正“智能”的人工智能只是时间问题：现在，无人驾驶汽车中的人工智能已经变得比方向盘后面的人类更加可靠。

区块链技术也有巨大的潜力，一些人认为它是这么多年来金融领域最重要的创新。实际上，它的应用已经远远超出了银行业。例如，2017 年 9 月，法国保险巨头安盛引进区块链技术，使用智能合同自动赔偿航班延误的乘客。

不管预测的准确性如何，我们起码可以肯定一件事：在未来的几年里，技术发展速度越来越快，影响也越来越大，快速发展的数据收集、分析和使用方法同样也会产生越来越大的影响。这反过来将促进决策过程自动化程度的提高。如果我们不能充分理解这些变革，我们应该求助于那些能够在这种新现实中如鱼得水的人，因为他们生于斯长于斯。

斗转星移，一代新人换旧人，新人常常通过自己的价值观和态度彻底改变旧人对现实的看法。1945 年至 1965 年间，婴儿潮一代的出现即是这种变革的经典例子，这一代人视自己为变革的一代。另外，20 世纪 60 年代和 70 年代的性革命也正好发生在婴儿潮一代的少年时期。这一时期也孕育着第一批利用新技术、基于新价值观的企业。它们并不是利用传统的硬资源制造实物产品发展起来的，而是利用创新和人力资本发展起来的。这一代人中的佼佼者有比尔·盖茨（Bill Gates）、保罗·艾伦（Paul Allen）、拉里·埃里森（Larry Ellison）和理查德·布兰森（Richard Branson）等等。

当然，史蒂夫·乔布斯也是其中之一。随着时间的推移，婴儿潮一代开始让位于 1965 年至 1983 年间出生的 X 一代。这一代人的集体特征是（影响宗教、种族、性的）态度和习惯进一步自由化，但同时对现实的革命性态度消退。婴儿潮一代真诚地渴望推翻前人的理想和行为，代之以自己的理想和行为，而X一代的大多数人更希望融入现有体制。例如，近年来传统职业和无限制的消费主义蓬勃发展。

20世纪80年代中期，又出现了新的一代人，叫作Y一代，或者说因为出现在世纪之交，也称为千禧一代。我们不难看出，千禧一代几乎一生都在享受虚拟生活方式和技术带来的红利，而他们前面的几代人却必须去学习这些创新技术。2012年波士顿咨询集团的研究表明，X一代和千禧一代的基本区别在于他们使用互联网的方式（这一点毫不奇怪）。两代人线上所花的时间差不多，但千禧一代的时间主要花在社交媒体平台上，以构建和扩展他们的虚拟世界。毫不奇怪，社交媒体和移动设备已经成为千禧一代的基本交流方式。

唐·塔斯考特（Don Tapscott，他自己就是婴儿潮一代的典型代表）在其著作《数字化的一代》（*Grown Up Digital*）中出色地描绘出千禧一代吸收和使用技术的天然能力，这种能力是他们与他们的前辈之间巨大的鸿沟。书中描述了1997年某一天在他自己家里上演的一个场景，他12岁的儿子亚历克斯在不知情的情况下当了一回主角。那天，亚历克斯发现他的父亲作为新技术领域的名人，正在参加一档电视节目，向观众展示一种叫作互联网的新奇技术。当妈妈告诉他这个节目时，他的反应是：

"这是我听过的最愚蠢的电视节目。为什么会有人想看爸爸使用互联网？……妈妈，这太尴尬了。我所有的朋友都会看到。爸爸不需要告诉别人如何使用互联网。"

当唐听到亚历克斯的反应时，他问儿子为什么这么想，然后得到了以下答复：

“爸爸，我没有冒犯您的意思，我是觉得你们成年人对科技很沉迷。您称这些为技术革命，您对技术的工作原理如此着迷。爸爸，您想象一些其他的技术。……比如说电视，这对您来说是一种技术吗？想象有一个电视节目，在这个节目里，人们在看你示范怎么使用电视。哇！咱们看看我爸爸能不能在电视上找到足球比赛！现在我爸爸正在找一部情景喜剧。”

这还不够，唐的女儿，她比亚历克斯大一岁，也插嘴了：

“爸爸，冰箱怎么用？你看，这也是一项技术。为什么我们不参加一档你示范怎么使用冰箱的电视节目呢？大家请看，我爸爸在冰箱里发现了一些肉卷……”

现在总结一下我的观点。对 X 一代和婴儿潮一代来说，那些看似是突破性的东西，是他们必须有意识地努力适应的东西，但对出生在数字世界的千禧一代来说，它们就像呼吸一样自然。

规则 14

永远不要忽视其他几代人的价值观和信念，尤其是刚刚成为消费者的一代人。即使他们今天对决策的影响微乎其微，但在这个新常态世界，变革可比我们预期的要快。

技术和社交媒体带来的最有趣的机制之一是众包，这是杰弗里·豪（Jeffrey Howe）于 2006 年 6 月在《连线》杂志上创造的一个词。简而言之，众包就是利用现代技术让很多人，通常是数百万人，参与到一项特定的任务中。它既可用于商业项目，也可用于社会和学术性质的项目。

众包最古老的案例之一是自 20 世纪 60 年代开始运行的外星智能探索（SETI）项目。外星智能探索项目于 1960 年由康奈尔大学的美国天文学家弗兰克·德雷克（Frank Drake）发起，其目的是分析射电望远镜记录的来自外层空间的信号，这些射电望远镜正在寻找可能表明信号反映智能生命起源的特定模式。第一批目标是恒星天仓五和天苑四（选择它们是因为它们的距离相对较近，分别为 12 光年和 10.5 光年），绿岸天文台的射电望远镜以 1420 兆赫的频率对它们进行监听。虽然该项目没有得到预期的结果，但研究人员并没有知难而退，下一阶段的监测任务在仅仅 4 年里便扩大到多达 650 颗恒星。这一阶段使用的监听设备之一是俄亥俄州立大学的“大耳朵”射电望远镜。

借助这个射电望远镜，1977 年 8 月 15 日，研究人员捕捉到一个异常强烈的信号。该信号以观察到该信号的杰里·厄尔曼（Jerry Ehman）博士的一条注释命名，叫 WOW。信号来自人马座，从未重复过，但它让科学家燃起了新的希望，那就是他们的方法可以在宇宙的其他地方找到智能生命。其他机构（包括伯克利大学）也加入了外星智能探索项目，甚至美国航空航天局也表示有兴趣。这个项目开始动用越来越多的监听设备，包括在波多黎各阿雷西博市附近的世界最大单面口径射电望远镜。

最初，只有十几个机构的科学人员参与其中。然而，很快他们就发现有大量的数据需要分析，远远超出了科学家们使用的计算机的计算能力，该项目在此时进入瓶颈期。1999 年，有人提出了一个很好的主意。考虑到他们计算能力有限以及不可能再增加超级计算机，科学家决定采用分布式的虚拟超级计算机。他们请求世界各地的数十万名因特网用户参与到这个项目中来，要求他们下载一个特殊的屏幕保护程序到自己的家用电脑上，该程序可以在电脑闲置的时候分析从互联网上获取的数据包。当这些用户想使用他们的电脑时，屏幕保护程序和分析过程就会关闭。

SETI@home 项目于 1999 年 5 月 17 日正式启动。科学家希望获得 10 万至 15 万个用户，这个期望并不高。很快，来自 233 个国家的 500 多万人注册了该项目，在接下来的几年中，他们电脑的计算能力一共提供了超过 200 万年的计算时间。到 2013 年年中，SETI@home 项目的总计算能力是每秒 670 万亿次浮点运算。

尽管 SETI@home 项目最后没有发现任何外星智能生命，但它确实是一个利用新技术开发众包活动的完美案例。众包的另一个里程碑案例就是维基百科，数百万互联网用户的共同智慧结晶成就了人类历史上最大的知识汇编。还有一些公司也开展类似活动，非常有启发意义。在开放式创新背景下，我们找到众包商业应用的两个有趣案例，一个是咖啡连锁店星巴克的“我的星巴克点子”，戴尔公司的“创意风暴”也非常相似。另一个是创新中心，这是一个开放性创新平台，帮助全球寻求特定问题解决方案的大公司与数百万可能提供帮助的专家（可以是个人或小型组织）建立联系。

众包可以在以下几个层面成为一种值得关注的决策辅助手段。首先，就影响客户的决策而言，吸引大量客户参与进来会给公司带来独特的视角，这样我们可以非常精确地评估在其意见对我们意义重大的人群当中，哪些决策最受他们青睐。在一些地方，当地社区和政府也在使用这种方法，决定如何分配公民预算：此类公共财政资金的使用一般不由地方政府决定，而是由当地居民通过投票决定如何将这笔资金用于他们认为受益最大的项目。这样做的目的是确保资金的分配能够反映当地的优先事项。一些公司也有类似的行为，允许客户和合作伙伴决定该公司分配其企业社会责任资金的对象。

其次，众包可以用来鼓励或深化质询决策方法。如果我们能邀请来自不同领域持有不同观点的人参与讨论，我们就有更多的机会从每个可能的角度来审视某个问题。

再次，我们可以在决策中利用众包手段，尽可能地获得对形势的全面理解以及加大对现状的质疑。在新常态世界，这样做大有裨益。许多走这条道路的公司采取分散领导的方法，因此，每个员工都要表现出自己的领导力，大胆地说出他们所看到的任何危险和机会，并积极向公司推荐新方法和解决方案。在结语中，我会详细讨论这一主题。

那些乍看起来社交网络机制的发展不会威胁到的领域，也在受到众包及相关工具的冲击。一个显而易见的例子就是《大英百科全书》，其活动和产品似乎与不断发展的新技术没有什么关系，但最终还是受到了严重影响，被迫彻底重组商业模式。其他传统企业也受到了类似的影响（比如来自优步、爱彼迎等企业的冲击），它们不得不承认众包及相关工具的颠覆意义。

互联网社区和由此产生的解决方案（如众包），是千禧一代成长的自然环境，是为这一代人量身定做的运营模式。它的使用几乎是免费的，可信度和价值也与日俱增，因此，它们吸引了越来越多稍微年长的人群，也成为其在大数据帮助下做出最佳决策的宝贵工具。

规则 15

数据过载的世界也是一个充满崭新可能性的世界。

积极寻找机会，引入那些可以极大地提高决策质量却免费的力量。

无论现在还是未来，纳米技术和数字生物学的发展中都潜藏着晦暗不明的可能性。你可能知道，导致错误决策最常见的原因之一是人类记忆的易错性。科学家对人脑容量的评估大相径庭：根据西北大学心理学教授保罗·雷博（Paul Reber）的说法，我们的大脑可以储存 2.5 千兆字节的海量数据。

纳米技术和密码学专家拉尔夫·默克尔（Ralph Merkle）却谨慎得多，他估计大脑容量只有几百兆字节。大脑容量上的巨大差异实际上对我们当前的讨论并不是很重要，因为问题出在其他地方。我们人类能力的瓶颈不是我们可以存储数据的数量，而是数据记录的持久性。计算机硬盘的数据只能通过用户的有意行为（删除数据）才可以删除，而在人的大脑中，数据的保存时间却非常短暂。想想你是不是发生过很多次这样的情况，在心里列出购物清单的几分钟内，就已经忘记要去商店购买的某些东西了。与数据重要性无关，我们只是忘记了我们需要考虑的重要事项，或者以前在类似情况下的经历，等等。

我们容易被错觉左右，记忆力又不可靠，这就严重地阻碍了我们充分利用大数据。另外，智力的不可靠也是我们无法充分利用大数据的原因之一。与我们不可思议的大脑相比，人工智能的能力仍然局限于模式识别。我们仍然无法让计算机模仿人类大脑的工作方式。

不过，这只是时间问题。美国梦想家和未来学家雷·库兹韦尔（Ray Kurzweil）认为，我们正在奔向新的时代，到那时，计算机的这些不足将不复存在，或者换一个比较容易接受的说法，就是计算机和人脑的优势将融合在一起。在实践中，我们将看到越来越堪用的机器，它们在大多数人没有机会及时做出反应的情况下，做出更快更好的决策。库兹韦尔借用量子物理学的术语，将计算机能够完全模拟人脑功能的现象命名为“奇点”。根据库兹韦尔的说法，奇点将在2030年前实现，为决策带来全新的未来。

在未来，改进决策过程的第二个方面，也就是消除人脑的弱点，这看起来有点惊悚。库兹韦尔认为，解决记忆力差的方法将不再是服用那些疗效可疑的药物，而是在大脑中植入微型硬盘。如果你现在还认为这种纳米技术和生物工程的结合（一种带有活体组织的人造设备）在伦理上不可接受，那你再回头看看，其实这种结合在许多年前就存在了，现在已经很稀松平常。比如，心脏起搏器不就是这样吗？

此外，人类基因组测序的成本已经从 2003 年的 27 亿美元下降到 2017 年的 1000 美元，一家初创公司甚至宣布很快将成本降至 100 美元。有了 CRISPR-Cas9 这样的基因工程工具，我们可以读写 DNA，这意味着在未来的某个时刻，我们能够改变一个人的身体和智力（这显然会引发无数伦理问题）。

言归正传，我们承认库兹韦尔的预测的确有合理之处，但这种长期性前景究竟以何种形式出现仍然尚待商榷。我认为，真正明智的做法是密切监控关键元趋势的发展（因为它们不易被黑天鹅事件破坏或摧毁），避免火鸡综合征，避免被各种巧舌如簧的演说家那些令人生疑的精确预测所误导。我们希望所有这些为我们决策提供支持的成果不会导致决策过程的完全自动化。犯错是人之常情，许多奇妙的创新都是人类失误的意外结果。由于科学家的重大疏忽，我们获得了青霉素［亚历山大·弗莱明（Alexander Fleming）卫生工作没做好反而成了幸事］和伟哥（为心绞痛患者开发的一种名为 UK92480 的药物的副作用）。

威廉·伦琴（William Roentgen）因为简单的人为错误，发现了X光。人工甜味剂糖精、烟花、微波炉都是意外发现的，便利贴上的胶水也是发明强力胶失败的结果……

我们不能以冰冷的二进制逻辑来评估某些决策，因为这样的决策可能是正确的，但不一是理性的。

在米哈伊尔·布尔加科夫（Mikhail Bulgakov）的魔幻现实主义小说《大师和玛格丽特》（*The Master and Margarita*）中，有一个让人沉思的关于选择的场景。当时，女主角玛格丽特正经历一段艰难的时期。她的爱人——大师——被送进了精神病院，随后他变得消沉，失去了创作庞提乌斯·彼拉多（Pontius Pilate）传记的灵感。与此同时，沃兰德，也就是撒旦，带着他的扈从出现在地球上（更确切地说是在莫斯科），打算举办一年一度的死亡舞会。死亡舞会有一个传统，那就是必须由一个叫玛格丽特的当地女人为沃兰德服务，舞会后她可以实现一个愿望。你可能猜到了，玛格丽特同意了，在一个不寻常的夜晚之后，她再次站在等她许愿的沃兰德面前。

“玛格丽特，”沃兰德说道，声音十分柔和，“今晚你将做我的女伴，你想得到什么？……说出你的愿望，大声说出来吧！”

玛格丽特陷入了沉默。片刻后，科罗维耶夫在玛格丽特耳边低语：“玛格丽特……我劝你要求不要过分，否则运气可能会溜走。”

玛格丽特说：“我希望我心爱的大师现在回到我身边。”

玛格丽特的愿望从她自己的角度来看是理性的，也许对大师来说也是如此。但对其他人来说，包括沃兰德的随从，都是完全不可理解的。不管未来学家和科幻小说家做出何种预测，不管将来超级先进的量子计算机会怎么考虑选择，我还是希望，未来我们仍然可以做出对其他人来说似乎毫无意义，但对我们自己来说是正确的选择。

结束语

我们探索决策力的幽微奥义之旅从反思一部描写疯狂世界的电影开始，所以最后以另一部电影结束再合适不过了。

制片人杰瑞·布鲁克海默（Jerry Bruckheimer）、唐·辛普森（Don Simpson）与导演托尼·斯科特（Tony Scott）多次合作，每次合作成绩都超过平均线（当然是指票房成绩）。有谁能忘记20世纪80年代中期拍摄的电影《壮志凌云》（*Top Gun*）呢？汤姆·克鲁斯、方·基默（Val Kilmer）、安东尼·爱德华兹（Anthony Edwards）和当时籍籍无名的蒂姆·罗宾斯（Tim Robbins）饰演美国空军战斗机武器学校驾驶F-14飞机的学员，汤姆·斯凯里特（Tom Skerritt）和迈克尔·艾恩塞德（Michael Ironside）饰演他们的教官。几年后，该电影的制作人和3位导演将电影背景从蓝天转移到深海，又拍出一部非常优秀的电影——《红潮风暴》（*Crimson Tide*），这部电影于1995年上映后立即大卖。故事发生在载有核武器的亚拉巴马号潜艇上，潜艇舰长是海军上校弗兰克·拉姆齐（ Frank Ramsey），吉恩·哈克曼（Gene Hackman）出色地扮演了这个角色，大副是海军少校罗恩·亨特（Ron Hunter），丹泽尔·华盛顿（Denzel Washington）扮演这一角色，表演同样出色。

罗恩·亨特接受过高等教育，但是战斗经验稍微欠缺。他才智过人，具有过硬的专业知识，从而有能力评估形势，全面分析问题，他也有志于此。另一方面，拉姆齐觉得应该强调主张绝对服从的军队等级制度的重要性。他坚信，遵循程序和向船员发布明确的命令是他神圣不可置疑的责任和权力。多年的战斗经验和辉煌的成绩进一步强化了他的这种信念。两人观点不同，很快陷入冲突。在火箭发射过程中，拉姆齐上校下达命令，要求亨特不假思索地立即大声重复该命令，因为双重命令是火箭发射的程序要求。但是，亨特却质询这个命令是否正确，这激怒了拉姆齐。后来在私下谈话中，拉姆齐向大副解释他愤怒的原因，同时清楚地说明了他的原则和价值观，也就是说，在任何时候，指挥官都应该有统一的立场，不要让他人看到他们之间的分歧。拉姆齐明确地表明他对这个问题的看法："我们在这里是为了保护民主，而不是实践民主。"

后来，情况变得更加危险。电影情节并不复杂，它有点像《壮志凌云》的改进版，或者说更真实的版本。当苏联陷入内战，极端民族主义者弗拉基米尔·拉琴科（Vladimir Radchenko）在忠于他的军队的支持下，夺取了苏联的一个核导弹设施。叛军提出自己的诉求，威胁将与美国展开一场核战争，局势升级。

因此，美国亚拉巴马号潜艇被派往苏联边境附近区域，目的是消灭拉琴科，消除他对美国的威胁。美国不想过早发动攻击，他们等待苏联叛军出现真正准备发射导弹的信号才开始行动。当军用卫星观察到敌方火箭正在补给燃料时，这只能意味着一件事：拉琴科已经下达进攻命令。亚拉巴马号舰长接到命令，要求先发制人，发动攻击，向叛军控制的核基地发射 10 枚三叉戟导弹。但是在发射准备期间，亚拉巴马号遭到苏联一艘阿库拉级潜艇的攻击，被迫藏到海底深处，中断了发射程序。当亚拉巴马号正在下潜时，它收到了另一个命令，但是由于此前的袭击造成通讯突然出现问题，命令信息并不完整，它只包含了“核导弹袭击”几个词，再没有其他可靠的有用信息。这导致舰长和大副之间出现了激烈的争论，双方对形势的理解各不相同。拉姆齐认为，按照程序，最后的完整信息是有约束力的，因此他们应该再次尝试发射导弹。大副意识到指挥中心可能想要传递新的信息，要更正先前的命令，并要求他们浮出水面并与总部联系，以核实命令。舰桥中的其他军官一起见证了拉姆齐和亨特之间的争论，亨特坚持认为拉姆齐需要时间来评估形势，而不是盲目遵循协议。亨特实在没有办法，提醒拉姆齐发射协议有一个关键环节：

“拉姆齐上校，根据核武器发射的操作程序，除非你我同时同意，否则我们不能发射导弹！这不仅仅是程序问题，上校。这也是你必须需要我重复你的命令的原因！因为你的命令需要我的同意！可是我不会同意的，而且如果你一意孤行，没有我的确认就坚持发射……”

恼羞成怒的拉姆齐威胁要以兵变为名逮捕亨特，然而，亨特却引用了相关规定，下令逮捕拉姆齐。

拉姆齐上校从来没有想到这个程序也可以这样使用。潜艇水手长逮捕拉姆齐后，送拉姆齐到自己的船舱并将他锁在里面。亨特和水手长对事态的发展极为不安，尤其是他们也不能确信拉姆齐的命令就是错误的。

你可能已经猜到，拉姆齐作为一个老水手，不会就此善罢甘休，但是考虑到有些人没有看过这部电影，我不能剧透太多。但是我们可以问一个问题：在这个案例中，哪一个主角的行为是对的？是不服从命令的亨特，还是严格按照规章制度行事、经验丰富的舰长？最后，即使大副停止攻击的决定是正确的，但违反操作协议和拒绝服从长官命令，难道不应该承担某些后果吗？如果亨特和拉姆齐在为程序问题争论不休的时候，苏联叛军发动攻击，那怎么办？

《红潮风暴》只是一部关于虚构事件的电影，但当我们考虑到错误决策所带来的潜在后果时，就足以让你毛骨悚然。可怕的是，曾经的确发生过一起高度相似的事件。

20 世纪 80 年代初，两个超级大国之间的关系急转直下。原因有二：一是里根总统对苏联采取强硬路线；其标志是启动战略防御计划（SDI），后来被称为星球大战计划；二是 1982 年 11 月 10 日列昂尼德·勃列日涅夫去世后，苏联共产党中央委员会内部发生了持续很久的权力斗争。

这些权力游戏中间穿插着许多危机事件：阿富汗战争爆发，

苏联部署 SS-20 导弹，RJAN 行动（苏联对美国首先发射核导弹的模拟行动），以及美国抵制 1980 年莫斯科奥运会。还有 1983 年 9 月 1 日，一架苏联 Su-15 战斗机击落了韩国航空公司的一架波音 747，这架飞机在从美国安克雷奇飞往首尔的途中进入了堪察加半岛附近的苏联领空，机上 269 人全部遇难。紧张局势达到了顶点，核战争的可能性越来越大，双方的一举一动都在对方的密切关注之下。

当时苏联的预警系统基于 OKO 军事卫星网络，由该网络将数据传送到莫斯科南部的谢尔普霍夫 -15 监测站。44 岁的苏联空军中校斯坦尼斯拉夫·耶夫格拉夫维奇·彼得罗夫（Stanislav Yevgrafovich Petrov）当时就在谢尔普霍夫服役。1983 年 9 月 26 日 0 时 4 分，他在监测器屏幕上看到了一条他希望永远都不会看到的信息：系统告诉他，一枚弹道火箭正从蒙大拿州的马尔姆斯特罗姆空军基地发射。1 分钟后，指挥室又响起一声警报，警告彼得罗夫从同一个基地又发射出 4 枚导弹。

相关程序明确规定彼得罗夫应该采取何种行动。第一步是通知当时的第一秘书尤里·安德罗波夫（Yuri Andropov），说明对方已经发生了核攻击。安德罗波夫是“RJAN 行动”的发起人之一，他完全相信美国有侵略意图。所以，彼得罗夫非常清楚向这位病中的前克格勃负责人传递这样简短的一个信息会带来什么后果，那就是全球核战争的爆发。因此，上校做出了一个大胆的决定：评估局势，决定忽略程序，不通知领导。

他认为，美国不会仅仅发射 5 枚导弹就想引发第三次世界大战，所以，一定是预警系统发生了某种故障或错误。当然，就像《红潮风暴》中的罗恩·亨特一样，他也不能确定美国的核弹头是否会击中苏联本土，他经历了25分钟地狱般的煎熬。要知道，如果他忽视规章制度的决定是错误的，苏联将不复存在。

最后发现，所谓导弹发射信号是一个虚假警报。设计不良的卫星预警系统将太阳在高云层的反射解释为导弹发射信号，并触发了警报。如果那时在谢尔普霍夫，坐在监视器前的是弗兰克·拉姆齐上校这样的人，你现在就不会读到这本书了。幸运的是，他是斯坦尼斯拉夫·彼得罗夫，他有独立思考的勇气，并尽最大可能将世界从核毁灭的危险中拯救出来。

这两个案例，一个是虚构的，一个是真实的，但都有一个共同点：合理地打破既定程序。这是我们在商业世界经常会遇到的一个典型困境。既然如此，我们为什么要费心费力地建立决策程序呢？我们创建管理算法的目的是什么？在出现黑天鹅事件的情况下我们应该做什么（例如，因为通信故障而收到不完整的命令）？难道决策程序不正是为这些情况而创建，以保证管理者、团队或组织的反应是可预测的吗？或者说，越是在这种情况下，我们越应该摒弃这些程序，因为创建这些程序时没有考虑到不断变化的形势？我们需要一成不变的规则，还是需要对某一形势进行独立评估，随机应变？

定义明确、定期更新的程序有几个明白可见的益处。第一，程序增加员工做出正确决策的可能性，因为它们是基于许多人积累的经验，并且已经经过反复测试。这样，我们减少了经验相对缺乏的个人做出错误决策的风险。第二，程序增加了组织的可预测性，不管从管理层的角度，还是从其他员工的角度来说，这一点都很重要（我们能预测到任何情况下组织的反应）。第三，在某些情况下，操作程序可以加快反应速度，因为在这些情况下，此类程序已经经历了反复考验。第四，在许多情况下，程序为公司的关键流程提供了额外的安全保障，比如飞机起飞前的例行检查。从这个意义上说，程序保证在任何给定的情况下都不会忽略任何基本问题。

因此，做出正确决策最简单的方法，莫过于遵循一套定义明确、经过全面测试并持续改进的程序，这些程序为每个员工分配了明确的角色、权力和责任。不幸的是，上面提到的两个案例表明，在有些情况下，即使是最好的程序也会导致错误的决策：严格遵循相关规定有可能引起一场核灾难。因此，当出现黑天鹅事件，程序也会失效。这并不奇怪，因为黑天鹅事件也被称为“程序之外的事件”，是我们完全不能未雨绸缪的事情，所以任何既定的规则都不能考虑到所有新情况。在这一点上，人的作用变得至关重要。在信息的不断轰炸之下，我们会受到情绪的影响，并暴露在大脑设下的各种陷阱之中。

这种环境对领导者来说是一个特殊的挑战。

单一的魅力型领导者模式现在已经被遗弃，尽管仍然有很多人钦佩史蒂夫·乔布斯、理查德·布兰森、杰克·韦尔奇和埃隆·马斯克（Elon Musk）这样有远见卓识的人，但投资者的目光开始越来越多地关注那些虽然领导者明显欠缺魅力，但仍然高效且盈利的公司身上（这可能出乎你的意料）。

事实证明，一个公司成功的关键在于建设伟大的团队，塑造组织文化，让许多人都展现出自己的领导力，而不仅仅是公司总裁或总经理的责任。《哈佛商业评论》在波兰举办的一次会议上，我将这种模式称为“分散领导模式”。

分散领导就是帮助员工培养某些习惯和态度，鼓励他们去认识商业世界中正在发生的变化，通过批判性的视角观察周遭的世界，并能够大胆说出他们观察到的可能对公司产生影响的趋势。这需要赋予员工一定的权力，使得他们能够承担一定程度的责任，做出与他的权限相关的决策。这也意味着需要去理解不同的人对决策质量的影响。在员工中培养这种态度，就意味着在公司里，将会有几十个、几百个，甚至几千个“日常领导者”，他们像本书前面描述的重要决策者一样行事。这能给任何公司带来它盼之、求之的最大收益：最小的商业风险。你可能认为鼓励人们独立做出决策会增加风险而不是减少风险，的确，在分散领导模式中，员工出于良好意愿，犯下小错误的可能性会增加。然而，它极大地降低了未能发现正在出现的黑天鹅事件的战略风险，以及做出影响整个组织的错误决策的战略风险。

回想《大英百科全书》的故事：一名员工发现了黑天鹅事件正在萌芽（维基百科），认识到危险在逼近，并将这一信息告之上级。然而，管理层选择忽略这个信号，继续以他们屡试不爽的方式运作。没过多久，他们就意识到自己犯下了一个可怕的错误。因此值得注意的是，虽然员工行为的可预测性陷入分散模式，并且小错误数量会增加，但是重要决策的质量会提高。两相权衡之下，降低战略风险带来的巨大收益总是大于小错误造成的危害。分散领导对魅力型领导能起到一种制约作用，使我们能够避免魅力型领导的最大弱点：没有人敢质疑领导做出的错误决策。

这并不仅仅是一种理论，航空界就有鲜活的例子。

在20世纪70年代，许多空难都有一个共同点：机组人员很少会质疑飞行员的决定是否明智，即使他们有所怀疑，也不敢直接向飞行员表达自己的担忧。对飞行员严格的招聘程序和培训，以及积累数千小时飞行经验的要求，意味着民航飞行员在其他员工心目中已经接近神的地位。在每一次飞行中，机长是绝对权威，他的决定永远不会受到质疑。副驾驶、飞行工程师、机组组长和空乘人员只是服从机长的命令各司其职。只要机长做出正确决定，这个系统就能正常运行。但是，如果他错了，剩下的机组人员没有资格反对他，甚至不能向他表达他们的观点或担忧。

航空事故委员会对历史上最大的空难——1977年特内里费空难的调查显示，这场灾难很大程度上是由这个有缺陷的系统造成的，最后导致583人丧生。3月27日，半夜12时过后几分钟，在特内里费岛主要机场大加那利机场航站大楼，一枚炸弹爆炸，造成数人受伤。

爆炸发生后，大部分航班改飞至邻近特内里费岛的洛司罗迪欧机场。在这天，洛司罗迪欧机场空域、跑道和停机坪异常拥挤，不断有飞机着陆，空中交通管制系统几近崩溃。天气条件也非常恶劣，因为有大雾。另外，这天正好是周日，只有两名管制员值班，他们面对骤然增加的空中交通措手不及。这一切都使当时的情况变得更加糟糕。下午 5 时过后不久，两架波音 747 发生了灾难性碰撞。一架正在起飞的荷兰皇家航空公司的客机以将近 125 英里的时速撞上泛美航空公司的一架客机，机上所有人（248 人）全部遇难，泛美航空飞机上 335 名乘客和机组人员遇难，61 人奇迹般得以生还。

在导致这次悲剧事件发生的众多原因中，有一个原因需要特别指出：那位荷航机长享有过度的权威以及他做出起飞决定的背景是灾难发生的主要原因。50 岁的机长雅各布・维尔德胡伊曾・范・赞登（Jacob Veldhuyzen van Zanten）是荷航最有经验的飞行员，也是该航空公司的飞行教练。他在停机坪等了很长时间后很不耐烦，虽然此时他并不能百分之百确定自己是否获准起飞，但他依然决定开始滑行，他不管当时的漫天大雾，也不管与空中交通管制的沟通不畅。飞行工程师对机长的决定心存疑虑，尽管他的职位较低，经验相对来说也逊色许多，但他还是大胆地问机长，泛美航空的飞机是否真的离开了跑道。机长给了他一个简短的回答：“是的。”声音坚定而自信，所以工程师也就不再说话。15 秒钟后，两架飞机相撞。

权威陷阱招致的危险，比如团队成员缺乏心理安全感，缺乏公开沟通，以及随之而来的分析形势的有限能力，在仅仅 18

个月后的美国空难中表现得尤为突出。1978 年 12 月 28 日，经验丰富的 52 岁飞行员马尔本·麦克布隆（Malburn McBroom）驾驶一架联合航空公司的 DC-8 客机从丹佛飞往波特兰，在离目的地机场不远的地方燃料耗尽，不得不进行紧急迫降。

事故造成 10 人死亡，包括 2 名机组人员，179 人幸存。国家运输安全委员会（NTSB）的调查显示，在着陆过程中，起落架出现了故障：显示起落架已经展开的指示灯没有亮起。麦克布隆机长决定中止着陆，以检查起落架的状况。然后，他过于重视这个问题，以至于没有注意到燃油已经不足。后来他也忽视了其他机组人员提出的警告，国家运输安全委员会在报告中强调了这一点：

“事故的可能原因是机长未能正确监控飞机的燃油状态，未能对低燃油状态和机组人员关于燃油状态的建议做出正确反应。这导致了所有发动机的燃油耗尽。他的疏忽是因为他的注意力集中在起落架故障和准备紧急着陆的问题上。”

而造成这种情况的原因是另外两名机组成员没有完全理解燃油状态的重要性，也没有成功地向机长表达他们的担忧。

该报告还提出一项建议，引发了机组人员沟通和飞行决策方面的一场革命：

“（报告建议）向所有航空公司运营督察员发布运营公告，指示他们督促指定的管理人员确保机组人员接受驾驶舱资源管理原则的教育，特别强调了机长参与管理和其他驾驶舱机组人员自信心培训的益处。”

这一建议推动了驾驶舱资源管理系统的诞生，后来又更名为机组资源管理，这是一个具有突破意义的航空管理办法，大大提高了航空安全水平。研究和实施机组资源管理系统极大地提高了飞行员的决策质量，从而避免了许多悲剧的发生。该系统的理论根据与分散领导模式非常相似：在机组资源管理系统中，飞行员提高决策水平的关键是让其他机组成员更多地参与决策过程，促进信息在机组人员之间的流通，并保证机组内达到一定程度的心理安全水平。机组资源管理系统要求所有机组人员积极主动、果断自信，要立即、公开地向同事告知他们的任何担忧或疑虑，并反复核实所有决策。今天，这一标准仍适用于所有商业航空公司的所有员工。它的效力在引入航空业的几年后，于 1989 年 7 月 19 日得到了证明。当时从丹佛飞往芝加哥的联合航空公司 232 航班的机组人员正是运用这个系统解决了他们面临的一个严重的技术问题。

麦道公司生产的 DC-10 客机从 1971 年开始在航空公司投入使用，它有一个非常罕见的发动机配置：除了机翼下有两个标准喷气发动机之外，它还有第 3 个发动机，安装在垂直尾翼根部中。这台发动机就是联合航空公司 232 航班发生空难的起因。下午 3 时 16 分，当飞机在 3.7 万英尺的高度飞行时，发动机爆炸，破坏了全部（共 3 个）独立液压飞行控制系统。当时的飞行员是阿尔弗雷德·海恩斯（Alfred C. Haynes），他不仅失去了一个发动机，而且失去了对飞机的全部控制能力。这是一个典型的黑天鹅事件，3 个液压系统同时出现故障非常罕见，因此没有标准的应对程序。

海恩斯机长时年 57 岁，是一名经验丰富的飞行员，他知道只靠自己找到解决方案的机会几乎为零。从一开始，他就邀请副机长威廉·瑞科兹（William Records）和飞行工程师达德利·德沃夏克（Dudley Dvorak）共商对策。此外，当机长通知乘客有必要紧急迫降时，头等舱乘客丹尼斯·菲奇（ Dennis Fitch）站了出来。他正好是联合航空公司 DC-10 客机的飞行教练，他在飞机着陆过程中发挥了至关重要的作用。在接下来的几分钟里，机组人员只用 1 号和 3 号发动机驾驶飞机，试图让飞机驶向艾奥瓦州苏城附近的盖特威机场，并逐渐降低高度。海恩斯与菲奇轮流驾驶飞机，完成了这项几乎不可能完成的任务，最终到达临时目的地。由于控制装置损坏，飞机以每小时 273 英里的速度着陆，正常着陆速度为每小时 160 英里左右，下降速度是正常速度的 7 倍。最后飞机右翼撞上跑道，飞机解体。285 名乘客及 11 名乘务人员中有 111 人罹难。机组人员坚持机组资源管理标准，并与飞行教练菲奇精诚合作，拯救了其他人的生命。海恩斯上尉自己证实：

“机组人员以前在驾驶舱资源管理方面所做的准备工作得到了回报，这个系统于 1980 年由联合航空公司首创，也叫作指挥领导资源训练，当然，它还有很多其他的名字。我现在就姑且称之为指挥领导资源训练系统吧……直到 1980 年，我们才开始多少有些重视机长在他所驾驶的飞机上的权威问题。以前，基本上机长说什么就是什么，我们也因此损失了几架飞机。有时候机长并不像我们想象的那么聪明。我们对机长言听计从，也不知道他在说什么。

驾驶舱里4个人加起来共有103年的飞行经验，但我们谁都没有真正练习过在当时那种情况下如何让飞机着陆。在这一点上，我比其他3个人强不了多少。因此，如果我没有运用指挥领导资源训练系统，如果我们没有让每个人各抒己见，那最后肯定不会成功。”

规则16

在我们周围，多去鼓励和创造领导者。因为分散领导涉及多人，所以某一个人做出错误战略选择的风险更小。

分散领导还有重大的双重好处：敏捷性和对环境变化的快速反应能力。鼓励员工积极观察自己的工作环境，让他们参与沟通和决策，可以让我们对组织内部的情况有独特的了解。数十、数百甚至数千名员工的眼睛在搜寻可能出现的黑天鹅，就像超级雷达一样，有助于保护组织免遭不测。这使得我们能够在危机真切地威胁到我们的时候，立即做出反应，快对手一步。这就是所谓的企业敏捷性，它正迅速成为现代世界参与竞争和成功的先决条件之一。

你可能听说过两个人在落基山脉徒步旅行的故事。他们走了一整天，停下来搭起帐篷，简单吃了晚餐，然后在帐篷里睡下。他们在睡梦中被一只灰熊的嘶吼声惊醒，灰熊为这两人入侵它的领地愤怒不已。这两个人的反应截然不同。第一个人歇斯底里，尖叫、哭哭啼啼，说他不想死；与此同时，另一个人冷静地从睡袋里出来，穿运动鞋。惊恐万分的朋友看着他，觉得他疯了，说："你不可能跑得比灰熊还快！"此时他已经系好鞋带，回答道："我没想过跑得比灰熊快，我只要跑得比你快就可以了。"

这就是商业世界的真相。想知道如何成为世界上最快的短跑运动员没有意义，因为最快的只有一个，而我们达到这个目标的机会相对较小。我们要知道，就像落基山脉上那两个徒步旅行者一样，我们不必跑得过灰熊，我们只需要领先竞争对手即可。企业敏捷性就是这个故事背后的寓意。

对前面概述的观点进行综合分析，我们得出一些纯粹的商业上的结论。如果我们想在一个越来越不可预测的世界中脱颖而出，我们必须坚持不懈地提高竞争优势。但这个优势脆弱且短暂，任何时候，技术和社会革命、消费者行为的改变或突破性创新都可能让这一优势黯然失色，甚至冲击到市场领导者。因此，敏捷性至关重要，它是一个企业对新发生事件快速反应的能力，以及适应新环境的能力。今天的"商业达尔文主义"可以用一句话来概括：不是适者生存，而是快速适应者生存。因此，敏捷性要求有一个及时更新、经过反复测试的决策程序，需要在重复性流程和任务中改进行动方式以及加快行动，同时要具备正确评估事态的能力和在非标准情况下采用质询决策法的能力。在我曾忝为顾问和培训师的那些最成功的公司中，下面 4 个因素是直接影响决策质量和企业敏捷性的：

1. 建立清晰的决策结构：拥有精确定义的决策规则，包括明确划分特定个人的决策范围，将这些规则传达给所有相关员工，并持续监控决策的一致性和完整性（消除重叠责任区域，找出“无人负责”的、流程中未分配到任何人身上的区域和事项）。

2. 持续改进：不断地从错误中吸取教训（自己的和他人的），不断地分析竞争对手的举动，在各种职能部门中找出最佳实践方式，创造一种“微创新”的文化。每个员工都寻求不断地进步，并定期对应对极端事件的程序进行压力测试。

3. 培养和促进员工心理安全感的组织文化：鼓励开放的沟通，包括鼓励员工表达歧见的能力，支持建设性的冲突，鼓励新员工表达他们的意见并接纳他们的意见（如果他们的意见正确的话）。保持一种协商和参与的文化，而不管员工的身份如何，避免认知机制为我们设置的许多陷阱（相当于航空公司的机组资源管理方法）。

4. 分散领导：组织各层的管理人员和员工都要具备领导者的品质和态度，从而更好地监控商业环境的变化和塑造他人的态度。按照肯尼迪总统的执委会的思路，也可以通过建立正式和非正式的“决策团队”来实现这一点。

结合运用这些因素不仅能够使我们做出更快、更好的决策，还能帮助我们更好地理解我们的决策对组织中其他运营领域的影响。此外，我们还有可能发现所做决策潜在的副作用，考虑到业务系统日益增长的相互依赖性和复杂性，这种发现是无价的。让不同职位和层次的员工参与决策过程，会大大增加发现此类问题的机会。

在 2002 年的一次新闻发布会上，唐纳德・拉姆斯菲尔德（Donald Rumsfeld）说："世界上有已知的已知，就是说，有些事情我们知道我们知道。有已知的未知，也就是说，我们知道有些事情我们不知道。但也有未知的未知，即有些事情我们不知道我们不知道。""简明英语运动"是一个独立组织，致力于英语使用的清晰性，因此授予了这位国防部长"不知所云奖"（该奖授予"说出莫名其妙的话的公众人物"）。但事实是，拉姆斯菲尔德是对的，面对今天的新常态现实，区分我们知道的事物，我们一无所知的事物和我们甚至不怀疑其是否存在的事物是有效决策过程的基础。未知的未知是长成黑天鹅并给我们造成真正问题的丑小鸭。分散领导的魅力就在于此。它让我们可以从更广阔的范围观察我们周围的现实，它需要具备各种类型的经验、知识和个性的人的参与。具备所有这些，我们才能够找到拉姆斯菲尔德所说的 3 类问题。

由于其他人的加入，我们可以发现自己的无能之处，因此未知的未知变成已知的未知，使我们能够采取具体的纠正或预防措施。其他人的经验反过来可以把一个已知的未知变成一个已知的已知，从而产生解决问题的知识和想法。

这样，分散领导可以成为对付黑天鹅事件的高效武器。

阿尔伯特·加缪（Albert Camus）说过："生活是你所有选择的结果。"我们是谁，我们在哪儿，我们如何被人看待，我们将走向何方，这些都是我们每天做出的选择的结果。这些选择或大或小，且往往是无意识的。它们会影响很多人，甚至可能影响我们的一生。

正如我不相信人工智能的绝对决策权一样，我也不相信绝对决定论。我不相信人类只是被海浪抛来抛去的漂浮残骸。我不相信是周围的世界决定了我们的选择，逼着我们走向既定的方向。我见过太多杰出人物的故事，他们看似注定要失败，却能挽狂澜于既倒，他们塑造自己的命运，而不是向命运屈服。

我相信我们的生活品质与我们的决策有多接近完美有着直接关系。反过来，决策的质量取决于我们能在多大程度上避开自己的个性和周围世界的压力给我们设下的无数陷阱。我相信，虽然没有人创造过，也永远不会有人创造出只做最佳决策的公式，但在这个世界上，如果我们积极追求，我们就可以做出更好的决策。在这个世界上，只有我们努力追求完美，扩展知识，积累经验，才能做出更好的决策。

在这个世界上，即使我们犯了错，也只是一个大胆实验的结果，一个试图发现更有效的实践的努力，而不是对昨天错误的无谓重复。

我希望，阅读本书会让你更接近那个世界。

决策者16规则

规则1 未雨绸缪，时刻为黑天鹅事件做准备。在这个世界上，有一件事是肯定的：我们总会遇到黑天鹅事件，只是或早或晚的问题。

规则2 形势越好，越成功时，我们患火鸡综合征的风险就越大。

火鸡综合征越严重，遇到的黑天鹅事件就会越棘手。

规则3 我们越是钦佩一个人，就越应该批判地审视他的观点。

一个人的愿景看起来越是激动人心，就越应该检验它的现实依据。

规则4 周围的人越是坚持认为某事不可能，我们就越应该亲自去反复核实。

规则5 我们投入的时间、精力、财力和声誉越多，就越难客观地评估形势并做出正确的决定。

规则6 如果我们发现自己正在面临黑天鹅事件，请进入质询决策模式。因为这时无论我们的直觉或经验告诉自己什么，都可能是错的。

规则7 成立一个执行委员会。争取让委员会成员都是与我们自己想法不同的人。珍惜那些与我们意见不一致并大胆直言的人。

规则 8 当我们想让一个组织变得更好时，也要留意那些最好和最有效的流程。在发生黑天鹅事件的情况下，这些流程可能毫无用武之地。这时，我们有后备计划吗？

规则 9 下马“协和式飞机”，寻找“猴子的习性”。

下马亏损项目和放弃无效做法，可以为公司节省时间以用于其他项目，增加公司的腾挪空间。

规则 10 认识到自己和其他人的失败经验的价值。

认真分析过去的失败经验，总结出全面、客观和有实际价值的结论，以有益于将来。

规则 11 永远不要停止塑造组织文化。在我们试图做出正确决策时，它可能是我们最强大的盟友，也可能是我们最凶恶的敌人。

规则 12 伟大领导者的杰出之处，在于他们能认识到伟大并不能保证不会犯错。

规则 13 不仅要利用数据支撑自己的决策，还要将数据的其他作用发挥到极致，如果数据分析得当，可以成为人们决策时很好的帮手。

规则 14 永远不要忽视其他几代人的价值观和信念，尤其是刚刚成为消费者的一代人。即使他们今天对决策的影响微乎其微，但在这个新常态世界，变革可比我们预期的要快。

规则 15 数据过载的世界也是一个充满崭新可能性的世界。积极寻找机会，引入那些可以极大地提高决策质量却免费的力量。

规则 16 在我们周围，多去鼓励和创造领导者。因为分散领导涉及多人，所以某一个人做出错误战略选择的风险更小。